Amir Afzal

Continuação da investigação sobre a ferrugem do trigo e a sua gestão

Amir Afzal

Continuação da investigação sobre a ferrugem do trigo e a sua gestão

Justificação, fundamentação e abordagem

ScienciaScripts

Imprint
Any brand names and product names mentioned in this book are subject to trademark, brand or patent protection and are trademarks or registered trademarks of their respective holders. The use of brand names, product names, common names, trade names, product descriptions etc. even without a particular marking in this work is in no way to be construed to mean that such names may be regarded as unrestricted in respect of trademark and brand protection legislation and could thus be used by anyone.

Cover image: www.ingimage.com

This book is a translation from the original published under ISBN 978-3-659-82038-0.

Publisher:
Sciencia Scripts
is a trademark of
Dodo Books Indian Ocean Ltd. and OmniScriptum S.R.L publishing group

120 High Road, East Finchley, London, N2 9ED, United Kingdom
Str. Armeneasca 28/1, office 1, Chisinau MD-2012, Republic of Moldova, Europe
Printed at: see last page
ISBN: 978-620-8-24837-6

AVANÇOS

A agricultura é o maior sector e a força motriz dominante do crescimento e do desenvolvimento da economia nacional, contribuindo com cerca de 21% do Produto Interno Bruto (PIB) e gerando oportunidades de emprego produtivo para 45% da força de trabalho do país. Para além de satisfazer as necessidades alimentares e de fibras da população local, apoia outros sectores da economia, como a indústria transformadora e os serviços, devido às suas fortes ligações horizontais e verticais. A segurança alimentar mundial depende do aumento da produção de duas grandes culturas de cereais - o trigo e o arroz. De entre estas, o trigo é a mais importante, em termos de tonelagem, se não mesmo de valor financeiro. Uma limitação significativa ao aumento da produção de trigo é a variedade de doenças foliares que atacam esta cultura - ferrugem da folha, ferrugem do caule e ferrugem da risca. As fontes de resistência a estas doenças são conhecidas e têm sido utilizadas pelos criadores de trigo desde há muito tempo. No entanto, a obtenção de uma resistência duradoura pode ser difícil e as doenças da ferrugem continuam a evoluir e a contornar as conquistas dos melhoradores. Os autores encarregados da tarefa de rever a situação atual e definir uma estratégia de melhoramento geral que possa ser implementada no futuro centraram-se exclusivamente na incorporação do nível de resistência necessário para controlar as três ferrugens do trigo e discutiram, entre outros pontos, o papel de genes específicos, a diversidade e a utilização de resistências poligénicas, parciais e duradouras. As abordagens actuais de melhoramento do trigo para resistência à ferrugem foram abordadas resumindo as discussões dos capítulos anteriores no contexto de uma estratégia definida. O resultado representa um consenso geral sobre as futuras estratégias de melhoramento que devem ser empregues para incorporar a resistência a estas três doenças graves do trigo. Tanto eu como a comunidade de cientistas do trigo estamos optimistas quanto ao facto de este documento lançar uma nova luz sobre o melhoramento da resistência à ferrugem do trigo e, consequentemente, ser uma contribuição muito notável para a literatura científica. Sinto orgulho em saber que a maior parte da tarefa foi realizada pelo Sr. Amir Afzal, fitopatologista assistente na equipa do PPRI e que se inscreveu como bolseiro de doutoramento na Universidade PMAS de Agricultura Árida.

**Dr. Tariq Mukhtar Presidente do
Departamento de Fitopatologia PMAS
Arid Agriculture University Rawalpindi,
Pakistan**

ÍNDICE DE CONTEÚDOS

Capítulo 1   6

Capítulo 2   8

Capítulo 3   10

Capítulo 4   13

Capítulo 5   15

Capítulo 6   18

Capítulo 7   34

Capítulo 8   37

Capítulo 9   46

Prefácio

A ferrugem do trigo tem um papel destrutivo na redução do rendimento das culturas, resultando em insegurança socioeconómica durante várias épocas em todo o mundo. A gestão da ferrugem para obter uma produção estável de trigo tem sido um desafio para os cientistas agrícolas há mais de um século. [th]A incidência de epidemias em grande escala, frequentes na primeira metade do século XX, diminuiu devido a uma melhor compreensão da epidemiologia da doença, da base genética das interações hospedeiro-agente patogénico, da utilização de diversos genes de resistência e do desenvolvimento de cultivares com resistência à ferrugem. Vários programas de melhoramento do trigo em todo o mundo tiveram resultados diversos na produção de cultivares com resistência efectiva e duradoura à ferrugem do trigo. Os programas de melhoramento do trigo de primavera na América do Norte, México e Austrália têm sido geralmente imbatíveis na produção de cultivares com elevados níveis de resistência duradoura e eficaz. No entanto, as alterações climáticas provocam um aumento das temperaturas e aumentaram a variabilidade e a concentração da precipitação, contribuindo para a propagação e a gravidade das doenças causadas pela ferrugem. As variações (ou raças) emergentes da ferrugem estão a mostrar que podem adaptar-se a temperaturas severas - um facto nunca antes experimentado. Novas estirpes agressivas de ferrugem do trigo - ferrugem do caule e ferrugem da risca - destruíram o rendimento do trigo nas últimas colheitas. Cientistas e especialistas agrícolas de todo o mundo estão a trabalhar para monitorizar mais eficazmente, seguir e combater a propagação das doenças da ferrugem do trigo. A deteção precoce e a comunicação bem organizada são a chave para uma melhor gestão e redução da ferrugem do trigo nas regiões de risco. Isto facilita a resposta rápida dos agricultores, dos decisores políticos e dos serviços nacionais de investigação e extensão agrícola aos surtos. Os fluxos de informação, o conhecimento e a colaboração entre países são fundamentais para a interrupção, a realização e o investimento contínuo na luta contra a ferrugem do trigo. Trata-se de um esforço para ter em conta os conhecimentos e a experiência e partilhá-los com todos os interessados.

AUTORES

Não existe um conceito de paz com fome

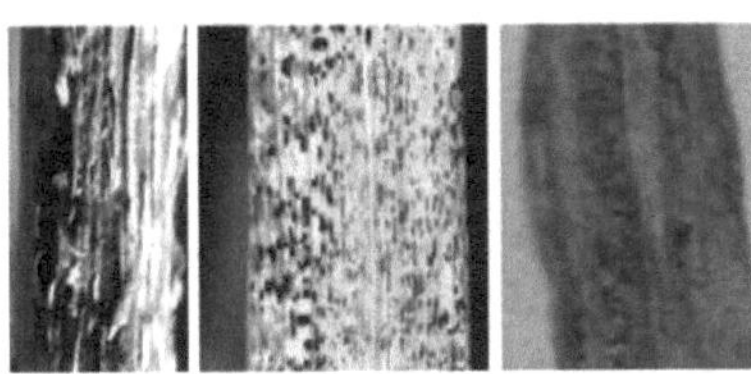

A. **G. TARGIONI TOZZETTI (1712-1783)** propôs que a ferrugem "merece a mais séria atenção dos naturalistas com o objetivo de investigar as suas causas e propor, se possível, um remédio".

B. O enorme esforço dirigido às ferrugens dos cereais e ao seu controlo desde a década de 1880, tanto em termos de ciência fundamental como de esforços práticos para reduzir as perdas, levou **LARGE (1940)** a observar que "o maior empreendimento individual na história da fitopatologia foi o ataque à ferrugem dos cereais".

C. "A ferrugem nunca dorme" Dr. Norman Borlaug.

O trigo *(Triticum aestivum)* é uma das principais culturas alimentares da humanidade. Cerca de dezassete por cento da terra arável total do mundo é cultivada com trigo. A composição caraterística do grão de trigo inclui a proteína flexível glúten, que permite que a massa cresça no pão fermentado. O consumo de trigo a nível mundial tem aumentado rapidamente desde o início da década de 1960, sobretudo nos países em desenvolvimento, em resultado do aumento da urbanização e de uma mudança nas preferências a favor do trigo (Curtis, 2002). A taxa de crescimento da população mundial está estimada em 1,5 por cento ao ano entre 1993 e 2000, enquanto a taxa de crescimento da produção de trigo entre 1985 e 1995 foi de 0,9 por cento (CIMMYT, 1996). O trigo, como fonte alimentar mais importante a nível mundial, exige o aumento da sua produção. A área cultivada passou de 200 milhões de hectares na década de 1950 para 218 milhões de hectares em 2005, enquanto o rendimento mundial do trigo aumentou de cerca de 1 t/ha na década de 1950 para 2,9 t/ha em 2005 (CIMMYT, 1996; FAOSTAT, 2006). O melhoramento vegetal e a melhoria das práticas culturais foram os principais responsáveis por esta evolução.

A estabilidade dos rendimentos aumentou consideravelmente em todos os ambientes, devido à criação de cultivares de trigo semi-anão resistentes a doenças, de elevado rendimento e sensíveis à gestão, a melhores práticas agronómicas e à exploração de fertilizantes azotados e da irrigação (Reynolds & Borlaug, 2006). No futuro, devido a outras utilizações agrícolas e não agrícolas, prevê-se que uma área crescente de terras agrícolas férteis não esteja disponível para a produção de trigo. A melhoria das práticas culturais e o melhoramento de cultivares adaptadas a stresses abióticos podem permitir a utilização de ambientes marginais, como os solos ácidos e salinos (Curtis, 2002). No entanto, como o trigo é constantemente atacado por doenças e pragas que causam perdas de colheita e de qualidade, as abordagens para aumentar e manter os ganhos genéticos dependem da criação de resistência. A evolução da resistência total ou parcial dos agentes patogénicos contra os principais fungicidas sublinhou ainda mais a necessidade de resistência do hospedeiro (Wolfe, 1984). A manipulação da resistência às doenças representa assim o método de controlo mais eficiente, económica e ambientalmente sustentável (Bennett, 1984):

(i)   expansão da área de trigo;

(ii)   melhorar o rendimento; e

(iii)   Redução das perdas pré e pós-colheita (Curtis, 2002).

O melhoramento para a resistência a doenças depende da disponibilidade de fontes de resistência encontradas em variedades autóctones, cultivares modernas, linhas de reprodução e parentes próximos ou distantes do trigo (Singh & Rajaram, 2002), enquanto que o germoplasma geneticamente uniforme limita o melhoramento e torna o trigo mais vulnerável a stresses biológicos e ambientais.

CENÁRIO DO TRIGO NO PAQUISTÃO

Posição por zona no mundo = 8

Posição na produção = 6

Percentagem do valor acrescentado = 13,1%

Quota no PIB = 2,8%

Percentagem na superfície cultivada total = 40%.

O trigo é classificado em tipo primaveril ou invernal com base na sua adaptação a diferentes condições climáticas. O trigo cultivado no subcontinente indiano é do tipo primaveril. O trigo é a principal prioridade e a mais importante cultura de cereais do Paquistão no que respeita às políticas agrícolas. Sendo o trigo o alimento básico da maioria da população do Paquistão, lidera todas as culturas em termos de área cultivada e produção. Representa mais de 70 % dos cereais brutos e mais de 36 % da superfície do país é consagrada à cultura do trigo. O rápido crescimento da população exige um aumento correspondente da taxa de produção alimentar. Foram envidados grandes esforços para desenvolver novas variedades de trigo no Paquistão e o país registou progressos fabulosos na sua produção. A produção de trigo registou um aumento de 598% e 129% na produção e na área, respetivamente, entre 1948 e 2010. Uma vez que a área cultivável é limitada, é necessário obter um rendimento elevado por unidade de terra para satisfazer as necessidades alimentares da população em crescimento. No início dos anos sessenta, foram desenvolvidas cultivares de baixa estatura através da incorporação de um gene de nanismo de Norin10-Brevor no CIMMYT, México. A primeira cultivar semi-anã resistente a fertilizantes e doenças, Mexipak 65, foi lançada em 1965 no Paquistão. Produziu quase o dobro em comparação com o trigo local. Desde então, muitas cultivares de trigo panificável foram lançadas em todo o mundo. A Inquilab 91, uma cultivar dominante de alto rendimento no Paquistão, ocupava cerca de 70% da área cultivada com trigo (Khan, 2004). O melhoramento do trigo não só tornou o Paquistão autossuficiente na produção de trigo, como também exportou alguns excedentes.

Desde 1965, foi lançada uma galáxia de cultivares promissoras, adaptadas às condições de crescimento do Paquistão. Para satisfazer as futuras necessidades de trigo do país (25 a 30 milhões de toneladas nos próximos 10-12 anos), é necessária uma produção sustentável de trigo e uma maior resistência às doenças (Chaudhry *et al.,* 1999). O rendimento médio nacional (2,6 t /ha) é inferior a 3t/ha noutros países produtores de trigo do mundo. As restrições para o baixo rendimento incluem Plantação tardia. Doses inferiores de fertilizantes, stresses bióticos (ferrugem e K. Bunt), stresses abióticos (calor, sal e seca), indisponibilidade de sementes de qualidade de novas cultivares de trigo, tecnologia de produção tradicional, indisponibilidade de maquinaria e escassez de água de irrigação em fases críticas de crescimento. A necessidade urgente de abordar estes problemas para aumentar o rendimento potencial do trigo é a necessidade do momento. São necessários esforços inflexíveis para dar mais um salto quântico na produtividade do trigo, com destaque para o melhoramento genético para os stresses abióticos e bióticos. Entre estas últimas, há uma série de doenças que podem causar perdas graves em termos de quantidade e qualidade. As três ferrugens do trigo são as doenças mais importantes do trigo a nível mundial. Devido ao impacto que as ferrugens têm tido na produção de trigo, são consideradas as doenças mais importantes do trigo e estão entre as doenças das plantas mais estudadas (Roelfs *et al.* 1992). No entanto, está a surgir uma ciência inovadora de estabilização e gestão de doenças que explora uma melhor compreensão dos meandros da ferrugem para retardar a evolução de novas virulências perigosas, atrasar as epidemias e reduzir as perdas. Os factos em que se baseiam estas novas abordagens são apresentados neste volume, fornecendo perspectivas cronológicas, tendências existentes e problemas e necessidades esperados no futuro. Os estudos sobre as ferrugens dos cereais exploraram várias teorias da patologia das plantas.

FERRUGEM DO TRIGO

A cultura do trigo é vulnerável a uma série de agentes patogénicos. As ferrugens *(Puccinia* spp.) são as doenças mais importantes do trigo (Boyd, 2005), causando uma germinação deficiente das plântulas, um crescimento lento, uma altura reduzida, lesões foliares, uma redução do pegamento dos floretes, uma baixa qualidade da forragem, o enrugamento do grão e uma redução do rendimento do grão (Khan, 1987; Roelf *et al.,* 1992; Chen, 2005). A produção de trigo foi mais afetada pelas ferrugens do que por qualquer outra doença. Sendo importantes agentes patogénicos do trigo, as ferrugens ocupam uma posição de destaque a nível mundial. As ferrugens são parasitas obrigatórios e têm de permanecer vivas em plantas vivas, ao contrário dos agentes patogénicos facultativos. Podem propagar-se a longas distâncias em circunstâncias climáticas favoráveis e são extremamente prolíficas. As ferrugens são capazes de evoluir rapidamente para uma proporção epidémica e causar grandes perdas de produção devido à proliferação de atributos (Hirst & Hurst, 1967; Watson & de Sousa, 1983; Brown & Hovmoller, 2002; Chen, 2005). Os agentes patogénicos da ferrugem encontram-se em todo o mundo, em todos os continentes, exceto na Antárctida. As doenças causadas pela ferrugem do trigo constituem uma ameaça persistente à produção sustentável de trigo em todas as zonas de cultivo de trigo. Do total de 215 milhões de hectares de área plantada com trigo panificável e trigo duro a nível mundial, cerca de 44% (95 milhões de hectares) situam-se na Ásia. 69 milhões de hectares situam-se na China, na Índia e no Paquistão. A maior parte dos agricultores são classificados como "pobres" ou "pequenos" agricultores, pelo que a segurança alimentar e a estabilidade da produção assumem uma importância crucial. A ferrugem do caule tem estado sob controlo desde a era da revolução verde em meados dos anos sessenta. A ferrugem da folha (causada por *Puccinia triticina)* e a ferrugem amarela (causada por *Puccinia striformis)* têm, no entanto, o potencial de afetar os níveis de produção até 60 e 43 milhões de hectares, respetivamente, na Ásia, se forem cultivadas cultivares propensas (Singh *et al.2004)* . Embora as aplicações de fungicidas ofereçam controlo, a sua utilização representa um custo adicional para os agricultores, além de ser insegura do ponto de vista ambiental. Assim, o cultivo de cultivares resistentes é a estratégia de controlo mais eficaz e bem organizada (Rizwan *et al.* 2008). A abordagem rápida do alvo tem sido considerada essencial, uma vez que as rotas migratórias apresentam um quadro deprimente para a produção de trigo, caso não seja incorporada uma resistência satisfatória nas variedades locais de trigo (Hodson *et al.* 2005, Reynolds e Borlaug 2006). Para aumentar a rapidez, seriam necessárias ferramentas profissionais (MUJEEB-KAZI et al. 2006) como meio integral de conduzir as transferências de genes (Mago *et al. 2005)* e dar estabilidade à produção alélica (Mujeeb-Kazi, 2003, 2005, 2006). A diversidade alélica de reservas genéticas distintas será também um fator de alívio significativo (Coghlan 2006; Rizwan et al. 2007 e Simonite 2006)

Natureza dos fungos da ferrugem

Os fungos da ferrugem são parasitas obrigatórios e necessitam de um hospedeiro vivo para sobreviver. A sobrevivência fora de época dá-se em plantas de trigo auto-semeadas (ou voluntárias) ou noutras espécies de gramíneas. Além disso, a agricultura de regadio e as terras altas frias em várias partes da Ásia promovem a transferência de inóculo entre estações. A ferrugem do trigo compreende cinco fases de esporos, em que a produção de um grande número de urediósporos na primavera e no verão é epidemiologicamente significativa. O vento desempenha um papel importante na sua dispersão para outras plantas, onde produzem novas infecções e urediósporos secundários com um período mínimo de sete dias (Wiese, 1987). Os Urediósporos independentes de nutrientes germinam assim que entram em contacto com películas de humidade e penetram os tubos germinativos diretamente nos estomas. Formam-se vesículas sub-estomáticas e as hifas intercelulares com haustórios globosos ou lobados estabelecem contacto fisiológico com as membranas das células hospedeiras, realizando assim o processo de infeção (Wiese, 1987). Uma vez que os micélios têm o potencial de permanecer viáveis mesmo a -5º C, a ferrugem da risca aparece primeiro no campo do que as ferrugens da folha e do caule. A ferrugem da folha ocorre mais regularmente e em mais regiões do mundo do que a ferrugem do caule ou a ferrugem da listra do trigo.

FERRUGEM DO TRIGO NO PAQUISTÃO

As três ferrugens do trigo ocorrem no Paquistão com intensidades variáveis em várias zonas agro-ecológicas.

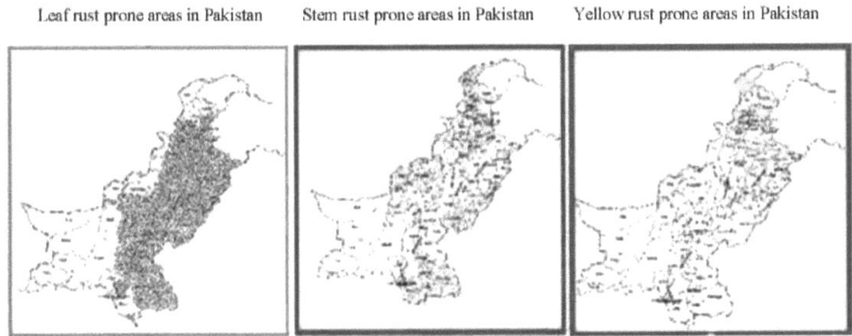

Registaram-se várias epidemias de ferrugem do trigo no Paquistão. As epidemias graves de ferrugem da folha foram registadas em 1948 e 1954, o que reduziu o rendimento dos grãos em 30-50% (Hussain, 2009). As perdas de rendimento causadas pela ferrugem da risca *(Puccinia striiformis* f. sp. *tritici)* podem variar entre 10-70 % (Chen, 2005). Um controlo sustentado da ferrugem do caule *(Puccinia graminis* f. sp. *tritici)* parecia ter sido alcançado até à deteção de um novo patótipo no Uganda (Pretorius *et al.* 2000). Foi detectado no Quénia em 2001 e na Etiópia em 2003. Atualmente, espalhou-se para o Iémen e o Irão (Singh *et al.* 2008; IAEA 2009). Este patotipo constitui uma ameaça potencial para a produção de trigo no Paquistão devido ao cultivo de cultivares de trigo portadoras de *Sr31* (Hussain, 2009). Os criadores de trigo paquistaneses lançaram várias cultivares de trigo desde a independência (1947), mas a evolução patotípica tornou-as susceptíveis mais cedo ou mais tarde. Estes surtos realçaram a necessidade de evitar a monocultura de uma única variedade de trigo em grande escala, para além de terem assinalado a importância de identificar variedades de trigo resistentes à ferrugem amarela e de as cultivar de acordo com as diferentes zonas ecológicas do país. O desenvolvimento e a adoção de variedades de trigo de elevado rendimento com uma base genética estreita, também influenciados pelas preferências dos agricultores/consumidores, levaram à cultura de um menor número de variedades numa vasta área, o que criou uma vulnerabilidade genética ao stress. Vale a pena mencionar que o controlo químico das doenças causadas pela ferrugem é antieconómico, pelo que o cultivo de variedades resistentes é de grande importância. No entanto, a presença de numerosas raças de cada uma delas e a natureza sempre em transformação dos agentes patogénicos dificultam a criação de resistência à ferrugem. Ao longo dos anos, foram desenvolvidas muitas cultivares de trigo superiores com um grau excecional de resistência a uma ou mais doenças causadas pela ferrugem, mas a situação da doença nunca permaneceu estática, o que sublinha que a criação de novas estirpes de trigo resistentes às ferrugens é um processo incessante (Bariana *et al.*, 2007).

O CENÁRIO ACTUAL DAS FERRUGENS DO TRIGO

A resistência à ferrugem do caule em cultivares de trigo com *Sr31* manteve-se efectiva durante mais de três décadas. Na década de 1990, a maior parte das variedades de trigo apresentavam a translocação 1B-1R, o que criou uma situação de monocultura em África, na Ásia e noutras regiões do mundo. Os isolados de *pgt,* que eram virulentos em *Sr31,* foram recolhidos pela primeira vez no Uganda em 1999 (Pretorius *et al.,* 2000). Posteriormente, espalhou-se para o Quénia e a Etiópia em 2005 (Waynera *et al.,* 2006). A raça, designada por TTKS (Ug99), é virulenta na maioria das variedades de mega trigo e pode causar perdas de rendimento de 100%, tendo sido registadas perdas de rendimento até 80% no Quénia. Uma nova variante desta raça de ferrugem do caule foi encontrada no Quénia desde 2006, que é virulenta em *Sr24* (Jin *et al.,* 2007, 2008). Atualmente, estão a ser utilizados fungicidas para controlar a ferrugem do caule no Quénia (Singh *et al.,* 2008). Voou pelo mar vermelho e a sua presença foi comunicada no Iémen desde 2006, tendo sido também encontrada no Sudão no mesmo ano. Em 2007, foram recolhidos isolados de *pgt* no Irão e as recolhas foram identificadas como TTKSK (Nazari *et al.,* 2009). A raça identificada produziu IT "s elevados de 3 a 4 em genótipos de trigo portadores da translocação 1BL-1Rs (Falat e PBW343). Subsequentemente, a FAO anunciou a sua existência no Irão e alertou para uma ameaça para a zona do celeiro do mundo, o Sul da Ásia e outras regiões vizinhas.

A infeção da ferrugem do caule no Paquistão em mega cultivares foi registada durante o ciclo de cultivo do trigo de 2000-01 (Khanzada, 2008). A infeção esporádica da ferrugem do caule foi registada na colheita de verão de 2005 em Kaghan, seguida das colheitas de primavera de 2005-06, 2006-07, 2007-08 e 2008-09 em Sindh. A situação era alarmante no cenário prevalecente da região, onde o Ug-99 estava a gerar novas estirpes e a avançar para o Paquistão ao longo do caminho *Yr9.* Além disso, todas as cultivares de trigo paquistanesas selecionadas em condições de campo no Quénia eram propensas ao Ug-99 (Anon., 1995). A análise da situação foi considerada um fator primordial na adaptação da estratégia de melhoramento para incorporar genes resistentes ao Ug-99 nas cultivares paquistanesas. A análise anulou a virulência do Ug-99 no Paquistão, mas ainda tinha a capacidade de atacar genes resistentes ao Ug-99.

Foi detectada na Índia uma nova raça de ferrugem do caule virulenta com o gene *Sr25* (Jain *et al.*, 2009). Este isolado, recolhido em Karnataka, apresentou IT "s 3+ a 4 em folhas primárias de tipos diferenciais com o gene *Sr25*. Esta raça é designada como PKTSC de acordo com o sistema norte-americano. A deteção da raça virulenta *Sr25* alarmou os obtentores, que deveriam procurar obter resistência de plantas adultas ou pirâmide de 2 ou 3 genes principais para melhorar a vida de campo das cultivares de trigo.

A exploração extensiva do germoplasma com a translocação 1B-1R gerou uma situação de monocultura que levou à evolução de algumas novas raças destrutivas de ferrugem, resultando numa grave ameaça à produção global de trigo. Uma raça de *P. striiformis, Yr9*, foi detectada pela primeira vez na África Oriental em 1986 e, consequentemente, migrou para o Norte de África e o Sul da Ásia. Depois de ter surgido no Iémen em 1991, chegou aos campos de trigo do sul da Ásia em apenas quatro anos (Singh e Huerta-Espino, 2000). Pelo caminho, causou grandes perdas de rendimento no Egito, na Síria, na Turquia, no Irão, no Iraque, no Afeganistão e no Paquistão, superiores a mil milhões de dólares. Do mesmo modo, o aparecimento *do Yr27* e a sua deslocação pelo mesmo caminho constituíram uma grande ameaça para a produção de trigo na Índia e no Paquistão, onde as megacultivares PBW343 e Inqilab-91 apresentavam uma resistência baseada no gene *Yr27*. Em 2005, a cultura do trigo no Norte do Paquistão foi rigorosamente afetada por esta raça de ferrugem amarela, sendo a maior parte da área cultivada com Inqilab-91.

A gestão da ferrugem da haste tem sido objeto de investimentos significativos, apesar de a raça Ug99 da ferrugem mortal da haste ainda não se ter propagado às principais zonas de cultivo de trigo na Ásia Central e Ocidental e no Norte de África, após a sua primeira deteção no Uganda em 1998. A ferrugem estriada, pelo contrário, está muito disseminada - os agricultores e os países vivem na sua companhia todos os dias. E todos os dias enfraquece as culturas nos países da África Oriental e do Norte, do Médio

Oriente, da Ásia Central e do Cáucaso. Independentemente da sua favorabilidade a atmosferas frias, a ferrugem da risca está a espalhar-se rapidamente para novas áreas onde antes não era um dilema. Novas raças agressivas de ferrugem da risca estão a adaptar-se a climas temperados, causando surtos recentes a nível mundial. Em termos relativos, os investimentos na redução da ferrugem da risca são diminutos e menos coordenados entre países. Para atenuar a atual propagação da ferrugem da listra, são necessários mais investimentos para apoiar os países a melhorar a vigilância e a criação de variedades duradouras que resistam à ferrugem da listra, à medida que esta evolui nestes Estados produtores de trigo (ICARDA, 2011).

SELECÇÃO DE TRIGO PARA RESISTÊNCIA À FERRUGEM

Os utilizadores finais do mundo desenvolvido são cautelosos quanto à aplicação de produtos químicos sintéticos exercida nas culturas alimentares. As plantas são atacadas por uma série de pragas e doenças. Apesar do facto de aproximadamente 10% de todos os fungos e oomicetas do mundo terem potencial para infetar plantas com sucesso (Knogge, 1998). Uma lista de doenças economicamente importantes foi compilada por McIntosh (1998), incluindo 23 doenças fúngicas, cinco virais e quatro bacterianas. A compreensão da base da razão pela qual certos agentes patogénicos causam doenças numa planta hospedeira e não noutra tem inspirado os fitopatologistas desde há muito tempo. As plantas, na natureza, são geralmente resistentes à maioria dos agentes patogénicos. A capacidade de um agente patogénico causar uma doença numa planta hospedeira é normalmente a exceção e não a regra. Isto deve-se ao facto de as plantas terem a capacidade de reconhecer potenciais agentes patogénicos invasores e de montar defesas bem sucedidas.

O método mais seguro do ponto de vista económico e ambiental para reduzir as perdas de culturas é a criação de resistência às doenças (Bennett, 1984; Singh & Rajaram, 2002). A resistência hereditária às doenças é também simples de utilizar pelo agricultor e diminui a necessidade de outros métodos de controlo, incluindo produtos químicos (Johnson, 1992). O impacto relativo de um agente patogénico e de uma doença varia em função das condições climáticas, da gestão das culturas e da presença de resistência nas cultivares predominantes. O aumento do rendimento e da qualidade é assegurado pela redução das doenças, conseguida através da manipulação da resistência genética e da gestão agrícola.

Este fenómeno interessante é aplicado com sucesso para garantir a disponibilidade de mais alimentos para consumo humano, pelo que a resistência genética das variedades de culturas às doenças e aos insectos se tornou uma das principais preocupações actuais. O principal mecanismo de controlo das ferrugens dos cereais tem sido a utilização de cultivares resistentes (Johnson, 1981). A maioria das cultivares manteve-se resistente durante 5 anos ou mais, o que corresponde ao tempo de vida agronómico de uma cultivar quando existe um programa de melhoramento ativo. No entanto, algumas cultivares enferrujaram antes de serem cultivadas em mais do que uma fração da área cultivada. Na maioria dos casos, se não em todos, os fracassos devem-se a um conhecimento inadequado das virulências presentes na população de agentes patogénicos. Noutros casos, ocorreram mutações ou talvez recombinações de combinações de virulência existentes que tornaram o hospedeiro suscetível. Em alguns casos, o protocolo de rastreio de doenças é inadequado para identificar e selecionar as linhas de trigo resistentes. O insucesso da resistência a curto prazo conduziu a um síndroma de "boom-and-bust" (Kilpatrick, 1975). É altamente desejável que a resistência seja duradoura e que os genes tenham uma influência positiva ou nula no desempenho agronómico. A caraterização dos recursos genéticos para a resistência é um pré-requisito para a sua utilização no melhoramento de plantas. A existência de uma variação significativa e de uma especialização na população de agentes patogénicos para virulência a genes de resistência específicos é atribuída à natureza obrigatória dos parasitas. A evolução de uma nova virulência através da migração, mutação, recombinação de genes de virulência existentes e a sua seleção tem sido mais frequente nos fungos da ferrugem. Por conseguinte, a melhoria do conhecimento sobre a base genética da resistência e a criação de cultivares resistentes a estas doenças tem suscitado maior interesse. As populações de ferrugem podem ser caracterizadas pela distribuição de raças e pelas frequências de virulência contra genes específicos de resistência à ferrugem num conjunto definido de hospedeiros diferenciais do trigo. Os genes de avirulência que estão presentes reflectem apenas uma pequena proporção da variação genética total encontrada nas populações de ferrugem, mas esta variação está sujeita a uma seleção intensa pelos genes de resistência em cultivares de trigo comummente cultivadas.

CONCEITOS BÁSICOS:

Definições

Loegering (1966, 1972) salientou que, para estudar e comunicar as caraterísticas do hospedeiro: a genética do agente patogénico necessita de termos e conceitos; estes devem ser dirigidos individualmente aos níveis da doença (ou seja, a interação), do agente patogénico e do hospedeiro.

Compatibilidade

A fitopatologia aborda os problemas de doenças. Na produção vegetal, um problema de doença deve ocorrer numa escala significativa antes de receber atenção. O conceito de compatibilidade básica representa um ponto de partida para a resolução de problemas e reconhece que uma determinada espécie hospedeira (ou grupo de genótipos) é suscetível a uma determinada espécie de agente patogénico (ou grupo de genótipos). Embora a maioria das espécies hospedeiras não seja afetada pela maioria das espécies de agentes patogénicos, o interessante tópico da resistência "não hospedeira" é de pouca preocupação direta para o agricultor praticante. Com a compatibilidade básica, *diz-se* que o hospedeiro é suscetível e o agente patogénico é definido como virulento. Ao nível da interação entre genótipos particulares do hospedeiro e genótipos do agente patogénico, a resposta à doença pode ser descrita como incompatível, ou baixa resposta, em contraste com a compatível, ou alta resposta (Loegering, 1972).

Reação

O fenótipo do hospedeiro é ilustrado como reação, em que os estados contrastantes são designados por resistente, ou de baixa reação, e suscetível, ou de alta reação.

Patogenicidade

O fenótipo do agente patogénico é descrito como avirulento, ou de baixa patogenicidade, e virulento, ou de alta patogenicidade. A patogenicidade é definida de forma mais ampla na literatura sobre fitopatologia, mas aqui seguimos os exemplos de Loegering (1966), Moseman (1970) e Browder (1971). A utilização de virulência tanto em contextos genéricos como específicos não é aceitável e não foi proposto outro termo alternativo para além de patogenicidade.

Os componentes da resposta à doença (ou seja, a reação do hospedeiro e a patogenicidade) foram definidos acima em termos qualitativos contrastantes, ou binários. No entanto, a realidade é que cada carácter é contínuo e decidir se a resposta à doença é baixa ou alta pode ser mais fácil de dizer do que de fazer ou ilógico. Além disso, essa decisão varia consoante o ponto de vista da pessoa que a toma. Por exemplo, um geneticista pode determinar se uma determinada fonte de resistência (gene) tem algum efeito sobre o crescimento do agente patogénico em relação a controlos adequados, enquanto um fitopatologista/criador pode estar mais preocupado com a eficácia ou o valor da determinada fonte de resistência (gene) na redução das perdas de colheitas.

Resistência: em geral, é "a capacidade de um organismo para suportar ou combater a ação de um fator deletério ou patogénico, ou para minimizar ou superar os seus efeitos" (Federation of British Plant Pathologists, 1973). É necessária uma compatibilidade básica (factores de patogenicidade) entre uma planta e um agente patogénico para que este reconheça e ultrapasse a resistência *não hospedeira* ou *básica* do hospedeiro (Ellingboe, 1976).

A capacidade de um agente patogénico causar uma doença é denominada **virulência** e a resposta da planta é suscetível, enquanto que o inverso no agente patogénico é denominado avirulência e a resposta da planta é resistente (Heitefuss, 1997).

Os biótipos de agentes patogénicos fúngicos com diferentes espectros de virulência no hospedeiro existem sob a forma de raças (isolados ou patótipos) (Browder, 1971).

A resistência contra uma ou algumas raças é designada por **resistência específica da raça** (sinónimo de diferencial, vertical). É geralmente expressa qualitativamente através de uma reação de hipersensibilidade (um rápido desenvolvimento de morte celular nos locais de infeção e imediatamente à sua volta). A resistência específica da raça é detetável na fase de plântula como **resistência de plântula** e é transportada através de todas as fases de desenvolvimento da planta.

Resistência não específica da raça (syn. Não diferencial, horizontal): é frequentemente detectada apenas na fase adulta da planta como **resistência da planta adulta** (van der Plank 1963; Heitefuss, 1997). A resistência específica da raça é herdada monogenicamente e controlada por um gene "principal" com grandes efeitos observáveis. A resistência específica da raça ou não específica da raça é herdada oligogenicamente e controlada por alguns genes que podem ser "maiores" ou "menores". A resistência não específica da raça é herdada de forma poligénica, o que implica uma série de genes "menores" que são expressos quantitativamente (Heitefuss, 1997).

A resistência parcial (Parlevliet, 1979) é uma forma de resistência incompleta que se caracteriza por uma taxa epidémica reduzida e uma extensão do aumento, mesmo com uma reação suscetível. É também uma **resistência à ferrugem lenta** (Caldwell, 1968) para os agentes patogénicos da ferrugem ou ao míldio **lento** (Shaner, 1973) para os agentes patogénicos do oídio, em que a doença se desenvolve gradualmente e sem reacções de hipersensibilidade em comparação com uma cultivar de controlo (Roelfs *et al.*, 1992). Um único gene de ferrugem lenta confere apenas uma redução pequena a moderada no progresso da doença, mas a combinação de vários genes resulta em efeitos aditivos e numa resistência acentuadamente melhorada. A resistência parcial pode ser avaliada como uma redução da taxa de esporulação, do tamanho das pústulas e do número de pústulas por centímetro quadrado de área foliar, um aumento do tempo de incubação (período latente) e com níveis intermédios a baixos de doença contra todos os patótipos de um agente patogénico (Ohm & Shaner, 1976).

Teoria do gene por gene:

Flor (1946, 1971) estudou a herança da patogenicidade no agente patogénico e a herança da resistência no seu hospedeiro. Concluiu que, para cada gene de resistência no hospedeiro, existe um gene de virulência correspondente no agente patogénico. Com base nas ideias de Flor, Person (1959) definiu o conceito de gene-for-gene, segundo o qual existe uma relação hospedeiro-patógeno quando a presença de um gene numa população está condicionada à presença de um gene noutra população e quando a interação entre os dois genes conduz a uma única expressão fenotípica através da qual se pode identificar a presença ou ausência do gene relevante em qualquer dos organismos. Imagina-se que os genes de avirulência no agente patogénico e de resistência no hospedeiro são dominantes e interagem direta ou indiretamente, resultando em incompatibilidade e resistência (tipo de infeção baixa). Se um alelo recessivo de virulência do agente patogénico não for reconhecido pelo hospedeiro, a interação não ocorre e o hospedeiro e o agente patogénico são compatíveis (tipo de infeção elevada). O hospedeiro é então suscetível ao genótipo do agente patogénico. A maioria dos genes específicos da raça segue o conceito gene-for-gene. No entanto, há uma série de excepções a esta hipótese, incluindo genes dominantes e complementares; mais do que um gene de avirulência que corresponde à resistência codificada num único locus; genes supressores que impedem a produção de um produto genético ou o tornam inativo; a interação de genes com efeitos moderados individualmente que, em conjunto, conferem níveis elevados de resistência; e resultados que dependem do contexto genético (Knott, 1989; Ellingboe, 2001; Brown, 2002).

A coexistência de plantas hospedeiras e dos seus agentes patogénicos lado a lado na natureza indica que os dois têm evoluído em conjunto. As alterações na virulência dos agentes patogénicos parecem ser continuamente equilibradas por alterações na resistência do hospedeiro, e vice-versa. Desta forma, é mantido um equilíbrio dinâmico de resistência e virulência, e tanto o hospedeiro como o agente patogénico sobrevivem durante períodos de tempo consideráveis. A evolução gradual da virulência e da resistência pode ser explicada pelo **conceito de gene por gene**, segundo o qual para cada gene que confere virulência ao agente patogénico existe um gene correspondente no hospedeiro que lhe confere resistência, e vice-versa (Agrios, 2005). 20

O modelo simples de como o mecanismo de resistência do hospedeiro funciona é através de um gene de resistência dominante *(R)* na planta que codifica um produto que reconhece um fator de patogenicidade (produto de um gene dominante) no agente patogénico para conferir resistência. Se a planta não tiver este gene *R* ou o perder, torna-se suscetível, ou se o agente patogénico perder ou modificar este gene de patogenicidade para evitar o seu reconhecimento, vencerá a resistência (embora a perda do seu fator de patogenicidade possa também tornar o agente patogénico ineficaz). Se isto ocorrer, haverá uma pressão de seleção na população de plantas para indivíduos que reconheçam outros factores de patogenicidade no agente patogénico, de modo a poderem resistir-lhe. Assim, desenvolver-se-á uma "corrida ao armamento" evolutiva, com mudanças complementares nas populações de plantas e de agentes patogénicos. O apoio a este modelo evolutivo foi originalmente desenvolvido a partir dos estudos de Farrer na década de 1890, que descreveu a resistência do trigo contra a ferrugem amarela *(Puccinia striiformis),* como seguindo a genética mendeliana, seguido do trabalho de Biffen no início do século XX, que demonstrou que a resistência podia ser uma caraterística monogénica. No início da década de 1940, o conceito de gene por gene foi comprovado pela primeira vez por Flor, que trabalhava com o linho/ferrugem do linho *(Melampsora lini)* nos EUA, e por Oort, que trabalhava independentemente com o trigo/ferrugem do trigo *(Ustilago tritici)* nos Países Baixos.

Estes estudos fizeram a grande descoberta de que era possível discriminar entre diferentes genótipos na população de agentes patogénicos utilizando diferentes genes de resistência na população de plantas. Verificou-se que a virulência era geralmente recessiva e a avirulência dominante, o que levou ao conceito de gene por gene, segundo o qual, para cada gene dominante que determina a resistência no hospedeiro, existe um gene dominante complementar de avirulência no agente patogénico. Desde então, tem sido demonstrado que funciona em muitas outras ferrugens, no smuts, oídio, sarna da maçã, míldio da batata e outras doenças causadas por fungos, bem como em várias doenças causadas por bactérias, vírus, plantas superiores parasitas, nemátodos e até insectos. Tais genes foram identificados em plantas que conferem resistência contra bactérias, fungos, vírus, oomicetos, nematóides e insectos, e um modelo simples para explicar este conceito é o modelo elicitor/recetor. Geralmente, mas nem sempre, no hospedeiro os genes para resistência são dominantes (R), enquanto os genes para suscetibilidade, ou seja, falta de resistência, são recessivos (r). No agente patogénico, no entanto, os genes para avirulência, ou seja, incapacidade de infetar, são geralmente dominantes (A), enquanto os genes para virulência são recessivos (a). Assim, quando duas variedades de plantas, uma portadora do gene de resistência R a um determinado agente patogénico e a outra não portadora do gene R de resistência, isto é, portadora do gene de suscetibilidade (r) ao mesmo agente patogénico, são inoculadas com duas raças do agente patogénico, uma das quais portadora do gene de avirulência A contra o gene de resistência R e a outra portadora do gene de virulência (a) contra o gene de resistência R, são possíveis as combinações de genes e os tipos de reação apresentados no Quadro 4-3 e na Fig. 4-11. Cada gene no hospedeiro só pode ser identificado pelo seu gene homólogo no agente patogénico, e vice-versa. Das quatro combinações de genes possíveis, apenas a interação AR é incompatível (resistente), ou seja, o hospedeiro tem um determinado gene de resistência (R) que reconhece o gene específico correspondente de avirulência (A) do agente patogénico. Na combinação Ar, a infeção resulta porque o hospedeiro não tem genes de resistência (r) e, por isso, o agente patogénico pode atacá-lo com os seus outros genes de virulência (afinal, é um agente patogénico neste hospedeiro). Na interação aR, a infeção resulta porque, embora o hospedeiro tenha um gene de resistência, o agente patogénico não possui o gene de avirulência que é reconhecido especificamente por este gene de resistência particular e, por conseguinte, não são activados mecanismos de defesa (resistência). Finalmente, na interação ar, a infeção resulta porque a planta não tem resistência (r) e o agente patogénico, sendo um agente patogénico e, portanto, virulento (a), ataca a planta. Pensa-se que os genes de resistência aparecem e se acumulam primeiro nos hospedeiros através da evolução e que coexistem com genes não específicos de patogenicidade que evoluem nos agentes patogénicos. Neste caso, o reconhecimento do elicitor derivado do gene de avirulência funcional no agente patogénico pelo produto do gene *R* na planta ativa uma via de transdução de sinal que conduz à resposta hipersensível e à resistência. Este modelo tem sido um quadro importante para estabelecer os mecanismos subjacentes à resistência, embora haja cada vez mais provas de que os genes *R* não actuam isoladamente de outros genes e vias nas plantas e que o resultado de qualquer interação planta-patógeno é determinado por muitos factores genéticos, tanto na planta como no patógeno. Um novo gene de virulência que ataca o gene de resistência existente surge por mutação de um gene de avirulência existente, que evita então o reconhecimento gene a gene, e a resistência do hospedeiro quebra-se. Os criadores de plantas introduzem então outro gene de resistência (R) na planta, que reconhece a proteína do novo gene de virulência do agente patogénico e estende a resistência do hospedeiro para além do alcance do novo gene de virulência do agente patogénico. Isto produz uma variedade que é resistente a todas as raças que têm um gene de avirulência correspondente ao gene específico de resistência até que outro gene de virulência apareça no agente patogénico. Quando uma variedade tem dois ou mais genes de resistência (R1, R2, . . .) contra um determinado agente patogénico, isso significa que cada um deles corresponde a um, dois ou mais genes de virulência anterior (e agora de avirulência) no agente patogénico (al, a2, . . .), cada um dos quais, uma vez reconhecido por um dos genes de resistência no hospedeiro, funciona subsequentemente como um gene de avirulência. As combinações de genes e os tipos de reacções de doença de hospedeiros e agentes patogénicos com dois genes de resistência ou virulência em loci correspondentes, respetivamente, são apresentados no quadro.

Tabela: A genética da resistência gene a gene.

Avirulence genes in pathogens	Resistant genes in plants			
	CULTIVAR 1 R1R2	CULTIVAR 2 R1r2	CULTIVAR 3 r1R2	CULTIVAR 4 r1r2
RACE 1 AV R1AVR2	No Disease	No Disease	No Disease	Disease
RACE 2 AV R1avr2	No Disease	No Disease	No Disease	Disease
RACE 3 avr1AVR2	No Disease	No Disease	No Disease	Disease
RACE 4 avr1avr2	Disease	Disease	Disease	Disease

O quadro demonstra vários pontos.

1- As plantas susceptíveis (r1r2) que não possuem genes de resistência são atacadas por todas as raças do agente patogénico, independentemente dos genes de virulência (aa) ou de avirulência (A1A2) que o agente patogénico transporta.

2- As raças ou indivíduos patogénicos designados por a1a2, ou seja, que carecem de genes de avirulência (A1A2) para cada gene de resistência do hospedeiro (R1R2), podem infetar todas as plantas que possuam qualquer combinação desses genes (R1R2, R1r2, r1R2), uma vez que o patogénio a1a2 não produz moléculas elicitoras capazes de desencadear a resposta de defesa do hospedeiro. Quando um agente patogénico tem um dos dois genes de virulência (a1 ou a2), ou seja, não tem um dos dois genes de avirulência (A1 ou A2), então pode infetar plantas que têm o gene de resistência correspondente (R1 ou R2, respetivamente) mas não plantas que têm um gene de resistência correspondente a um gene de avirulência no agente patogénico (por exemplo o agente patogénico com genes A1a2 infecta plantas com r1R2 mas não aquelas com R1r2 porque R1 pode reconhecer o gene avr A1 e desencadear defesas contra ele).

O conceito de gene por gene foi demonstrado repetidamente, tendo sido isolados tanto genes de avirulência do agente patogénico como genes de resistência das plantas. Os criadores de plantas aplicam o conceito de gene por gene sempre que incorporam um novo gene de resistência numa variedade desejável que se torna suscetível a uma nova estirpe do agente patogénico. No caso das doenças de algumas culturas, é necessário encontrar novos genes de resistência e introduzi-los em variedades antigas a intervalos relativamente frequentes, enquanto noutras um único gene confere resistência às variedades durante muitos anos.

Estratégia de melhoramento para a resistência à ferrugem

O êxito da estratégia de criação de animais resistentes a doenças depende de

(i)   A natureza do agente patogénico e os espectros de virulência na população de agentes patogénicos;

(ii)   A disponibilidade, diversidade e tipo de resistência genética no hospedeiro; e

(iii)   A metodologia de rastreio e seleção da resistência.

Cada doença requer abordagens de seleção únicas, baseadas no nível de compreensão da variabilidade genética, do ciclo de vida e da hereditariedade da resistência do patogéneo (McIntosh, 1998). A monitorização do agente patogénico é, portanto, indispensável em qualquer programa de melhoramento. No entanto, os agentes patogénicos podem ser divididos em grandes categorias, dependendo da natureza das suas relações com o(s) seu(s) hospedeiro(s). Os agentes patogénicos biotróficos requerem células hospedeiras vivas e são frequentemente obrigatórios, enquanto os agentes patogénicos necrotróficos requerem células hospedeiras mortas e são frequentemente facultativos. Os agentes patogénicos facultativos, por exemplo, os parasitas fúngicos do trigo *Mycosphaerella graminicola*, que causa a mancha de Septoria tritici, *Phaeosphaeria nodorum*, que causa a mancha de Septoria nodorum, *Pyrenophora tritici-repentis* (Died.) Drechs., que causa a mancha bronzeada, e *Fusarium grammearum*, que causa o míldio de Fusarium, podem infetar e multiplicar-se em muitos hospedeiros. Os agentes patogénicos obrigatórios, tais como os fungos da ferrugem *Puccinia* spp., os oídios *Blumeria* spp. , os fungos *Tilletia* spp. e os fungos *Ustilago* spp. são extremamente especializados num determinado hospedeiro ou genótipo de um hospedeiro. As populações de agentes patogénicos obrigatórios apresentam frequentemente um espetro de genes de virulência errático e a evolução de novas virulências é mais rápida do que para os agentes patogénicos facultativos. Os fenómenos envolvidos são a migração, a mutação e a recombinação. É frequentemente necessária uma abordagem mais dinâmica para a criação de resistência contra agentes patogénicos obrigatórios (Singh & Rajaram, 2002). A acessibilidade e a variedade da resistência genética no hospedeiro estão relacionadas com as fontes de germoplasma nos três conjuntos de genes do trigo. O conhecimento da identidade, eficiência e distribuição da resistência ajuda a explorar a gestão das doenças. A identificação de fontes de resistência e de linhas resistentes num programa de melhoramento depende de uma tática de seleção fiável e de ambientes propícios ao desenvolvimento de doenças. A adição de cultivares de controlo (linhas testadoras ou diferenciais) com genes de resistência conhecidos ou níveis de resistência em condições ambientais específicas é importante para a avaliação do grau e tipo de resistência. A metodologia varia de acordo com a doença e o tipo de resistência, e pode incluir testes patológicos de plântulas ou plantas adultas em estufa, testes de campo e marcadores moleculares de DNA (Singh & Rajaram, 2002).

Os marcadores moleculares podem facilitar a combinação, seleção e rastreio de genes de resistência em programas de melhoramento através da seleção assistida por marcadores (MAS) (Bartos et al., 2002).

A natureza e a prevalência do agente patogénico influenciam a longevidade da resistência. A resistência do hospedeiro baseada na utilização de genes específicos da raça tem sido, na sua maioria, de curta duração para os agentes patogénicos obrigatórios. Por exemplo, a resistência específica da raça às ferrugens e ao oídio é de curta duração, durando frequentemente uma média de cinco anos quando implantada (Singh & Rajaram, 2002). A resistência duradoura (Johnson, 1979, 1981) foi definida como a resistência que se manteve efectiva numa cultivar durante o seu cultivo extensivo por uma longa sequência de gerações ou por um período de tempo num ambiente propício à doença ou praga. Van der Plank (1963) propôs que a resistência horizontal seria mais duradoura do que a resistência vertical, uma vez que era menos provável que um agente patogénico recolhesse muitas mutações para prevalecer sobre a resistência herdada poligenicamente. Ellingboe (1981), no entanto, discorda do facto de a resistência horizontal ser uma resistência que ainda não demonstrou ser vertical. A resistência parcial tem-se revelado bem sucedida para prolongar a durabilidade da resistência contra os agentes patogénicos da ferrugem e do míldio (Shaner & Finney, 1977; Singh et al., 2001). A utilização do tipo de resistência raça-específica tem dominado o melhoramento do trigo, desde a descoberta da base genética da resistência por Biffen (1905). A durabilidade da resistência é impulsiva e está relacionada com a natureza e os espectros de virulência do agente patogénico, bem como com a diversidade e o tipo de resistência do hospedeiro. A evolução de novas raças virulentas pode levar a um ciclo de expansão e quebra em que as cultivares com genes específicos de raças eficazes têm de ser libertadas continuamente e são rapidamente tornadas susceptíveis (Kilpatrick, 1975; Knott, 1989). A probabilidade de quebra da resistência é especialmente elevada com a resistência específica da raça, monogénica ou oligogénica, quando o agente patogénico é altamente variável, se recombina sexualmente e genes de resistência semelhantes se estendem por grandes áreas (McDonald & Linde, 2002). Isto levou à exploração de métodos para reduzir o risco de recombinação rápida do agente patogénico, por exemplo, combinando genes e tipos de resistência numa cultivar (Johnson, 1981, 1992), usando misturas de cultivares ou multilinhas (Browning & Frey, 1981; Wolfe *et al.*, 1981); e implantação regional e temporal de cultivares (Priestley, 1981). Eventualmente, o conhecimento do agente patogénico e a disponibilidade de recursos genéticos são requisitos necessários para o desenvolvimento da resistência.

HOSPEDEIRO: GENÉTICA DO AGENTE PATOGÉNICO

As cinco forças evolutivas

McDonald & Linde 2002 apresentaram um resumo conciso das cinco forças evolutivas envolvidas nos estudos evolutivos dos patossistemas vegetais. É dada especial atenção aos seus resultados sobre os principais genes de resistência e a durabilidade da resistência dos principais genes. As cinco forças evolutivas são a mutação, a deriva genética, o fluxo genético, a reprodução/sistema de acasalamento e a seleção. A mutação é a fonte eventual. A mutação é a causa final da diferença genética, conduzindo diretamente a alterações na sequência de ADN de um gene individual e gerando assim novos alelos nas populações. A magnitude da população influencia a possibilidade de existirem mutantes e pode também influenciar a diversidade de genes numa população através de um processo chamado deriva genética aleatória. O fluxo genético é um processo em que determinados alelos (genes) ou indivíduos (genótipos) são trocados entre populações geograficamente separadas. O sistema de reprodução e o sistema de acasalamento afectam a forma como a diversidade genética é distribuída dentro e entre os indivíduos de uma população, conduzindo a diferentes graus de diversidade genotípica. A reprodução pode ser sexuada ou assexuada (partenogénica no caso dos nemátodos). A reprodução também pode ser mista, compreendendo uma mistura de reprodução sexual e assexual, como ocorre em muitos fungos. O sistema de acasalamento é pertinente apenas para a parte sexual da reprodução e pode variar desde a consanguinidade estrita até ao cruzamento obrigatório.

Princípios

Flor (1942) foi o primeiro a perceber que a incompatibilidade entre um hospedeiro e um agente patogénico envolvia genes correspondentes em cada organismo. A consideração da relação gene-por-gene que ele propôs conduz a duas regras fundamentais que são paralelas às regras básicas da genética formuladas por Mendel no século XIX (Mendel, 1865). A primeira regra diz respeito à interação de produtos de genes únicos em hospedeiros e agentes patogénicos, enquanto a segunda considera as interações de segunda ordem. Formalmente, a regra diz o seguinte

1. A incompatibilidade entre um hospedeiro e um agente patogénico é a consequência da interação entre os produtos de, pelo menos, um gene de resistência do hospedeiro e de, pelo menos, um gene de avirulência correspondente do agente patogénico, ou seja *LIT = LP:LR.* onde: LIT é baixo tipo de infeção; LP é baixa patogenicidade; e LR é baixa reação.

2. Quando há mais do que um par de genes em interação, o nível de incompatibilidade é tão baixo ou mais baixo do que o nível produzido pelo par de genes em interação mais incompatível que actua isoladamente, ou seja LIT1,2 < LIT1 onde: LIT1 < LIT2.

Desenhos experimentais

As regras acima mencionadas conduzem diretamente a quatro concepções experimentais básicas que são aplicadas a estudos em genética hospedeiro:patogénio (Browder, 1971). Estas concepções experimentais baseiam-se em pressupostos que decorrem da relação gene a gene. Eles podem ser resumidos da seguinte forma.

1. Combinações de hospedeiro desconhecido e agente patogénico desconhecido. Nesta conceção, as matrizes de resposta hospedeiro:agente patogénico podem ser geradas sem conhecimento prévio ou pressuposto de variabilidade nas espécies de hospedeiro ou de agente patogénico. Padrões semelhantes de linhas ou colunas indicam semelhanças genéticas entre isolados do organismo em causa.

2. Combinações hospedeiro-agente patogénico desconhecido. Esta conceção envolve estudos de conjuntos de linhas hospedeiras geneticamente caracterizadas ou fixas, testadas com conjuntos desconhecidos de amostras de agentes patogénicos. Estas experiências incluem os estudos de patótipos comuns realizados pela maioria dos grupos de investigação que trabalham na aplicação da genética hospedeiro-patógeno no melhoramento genético.

3. Combinações de hospedeiros desconhecidos e agentes patogénicos conhecidos. Nesta conceção, conjuntos de linhas hospedeiras geneticamente não caracterizadas podem ser testados com uma série de isolados de agentes patogénicos geneticamente conhecidos ou selecionados. Este é o método geralmente adotado para postular genes de resistência, identificando assim genes ou combinações de genes que representam fontes de resistência novas e potencialmente úteis.

4. Combinações de hospedeiro conhecido e agente patogénico conhecido. Esta conceção experimental é aplicada a investigações que visam os efeitos detalhados de pares de genes individuais correspondentes, tais como a sua resposta à variabilidade ambiental ou a sua eficácia na redução do inóculo de agentes patogénicos e da perda de rendimento.

Existem dois critérios importantes de resistência. Nomeadamente, a durabilidade e a diversidade.

Durabilidade

Não é possível prever o tempo durante o qual uma cultivar manterá a sua resistência numa determinada área, ou numa determinada altura. Foram sugeridas várias estratégias para prolongar o período de eficácia de uma fonte de resistência, mas numa base global. A experiência parece variar. Se pudéssemos identificar uma fonte de resistência com eficácia adequada e durabilidade total, então apenas essa fonte de resistência seria exigida por todos os criadores de trigo.

Diversidade

Existe uma gama diversificada de genes de resistência à ferrugem. Muitos deles foram utilizados, e continuam a ser utilizados, de várias formas. Na prática, a diversidade genética é utilizada como um seguro contra a falta de durabilidade e, portanto, como um meio de reduzir a vulnerabilidade genética.

DIVERSIDADE GENÉTICA E EROSÃO

O termo "erosão genética" foi utilizado pela primeira vez para ilustrar um estreitamento potencialmente devastador da base de germoplasma utilizada para melhorar as plantas cultivadas (Harlan, 1972). Desde então, tornou-se quase equivalente à deslocação de variedades autóctones por cultivares modernas, detectada como uma mudança dramática na estrutura da população ou nas frequências alélicas, em resultado de processos naturais ou induzidos pelo homem (Smale *et al.*, 2002). As expedições de recolha de recursos genéticos foram instigadas na década de 1970 para verificar o estreitamento da diversidade genética através do melhoramento moderno das plantas (Frankel, 1970). A redução da diversidade genética pode ter um efeito negativo na produção de culturas e no abastecimento alimentar, tanto no futuro como no presente. A diminuição da diversidade genética afectaria a capacidade de resposta dos criadores de plantas a acontecimentos inesperados. O cultivo em grande escala de culturas geneticamente uniformes com uma base genética inadequada para a resistência a pragas e doenças pode tornar a cultura mais vulnerável aos epifitóticos, porque para superar a resistência seria necessária uma alteração genética em apenas um ou poucos loci do agente patogénico. Um exemplo das consequências devastadoras da baixa diversidade genética na resistência a doenças e de um agente patogénico que atingiu virulência é a fome da batata na Europa durante o século XIX, que levou à emigração de multidões para os Estados Unidos (Browning, 1988).

A diversidade genética como barreira contra a multiplicação da ferrugem:

A diversidade genética restrita do trigo é atualmente motivo de preocupação, tornando a cultura exposta a vários stresses, tanto bióticos como abióticos. A origem do trigo hexaplóide (*Triticum aestivum* L.) revela que este evoluiu em resultado de cruzamentos involuntários de trigo tetraploide, *Triticum turgidum,* o dador dos genomas A e B, com a espécie diploide selvagem *Triticum tauschii,* o dador do genoma D. O número de cruzamentos entre progenitores de *Triticum aestivum* é considerado restrito, o que provavelmente resulta numa baixa diversidade (Talbert *et al.,* 1998). O trigo tornou-se a principal cultura de cereais em todas as regiões produtoras de trigo do planeta, passando por diversas fases evolutivas. O trigo *(Triticum aestivum* L.) é uma das principais culturas cerealíferas, seguido do milho, por ser uma parte básica e importante da dieta da maioria das pessoas em todo o mundo na era atual. A diversidade genética das principais culturas, incluindo o trigo panificável, tem vindo a enfraquecer com o tempo, em consequência de uma ampla domesticação, da aplicação repetida de germoplasma adaptado e da adoção de esquemas de melhoramento que carecem de uma ampla recombinação genética (Donini *et al.,* 2000; Langridge *et al.,* 2001). O estudo da FAO revela que a principal razão da erosão genética nas culturas, tal como declarado por mais ou menos todos os países (81 países), é a substituição de variedades locais por material genético e espécies melhoradas ou exóticas. As outras razões da erosão genética são descritas em pormenor como o aumento constante da pressão demográfica, a degradação ecológica, a legislação/política, as pragas/ervas daninhas/doenças, a alteração dos sistemas agrícolas e a exploração excessiva das espécies, etc. (Anónimo, 1997). A diversidade genética é frequentemente considerada valiosa para a sobrevivência das espécies. A diversidade fenotípica dos organismos é utilizada pelo polimorfismo do ADN presente no genoma de um organismo. Determina também as técnicas em que os indivíduos cooperam com o ambiente e os organismos que lhes estão próximos. Quanto maior for a variação existente, maior será a probabilidade de pelo menos alguns indivíduos terem uma variante alélica capaz de gerir novos desafios ambientais, como o stress biótico ou abiótico (Clay, 1991). A diversidade genética nas culturas é, portanto, uma componente essencial para garantir a proteção do nosso abastecimento alimentar. Além disso, também se admitiu (Mujeeb-Kazi & Rajaram, 2002) que a diversidade genética é muito importante para assegurar uma resistência duradoura e um fator importante de sistemas agrícolas duradouros que são desafiados com o objetivo de produção de mil milhões de toneladas de trigo nas próximas duas décadas (Braun *et al.,* 1998). O aumento da população exige um aumento considerável do rendimento dos cereais sem aumentar a área cultivada. Este objetivo pode ser alcançado através do aumento do rendimento das variedades de trigo, alargando a sua base genética e dotando-as de potencial de resistência contra os condicionalismos preventivos do rendimento. Entre a vasta gama de factores limitantes do rendimento, as ferrugens são consideradas importantes. Para combater as três ferrugens, a diversidade genética entre os recursos de germoplasma locais e exóticos é explorada de forma exaustiva e a riqueza genética promissora é identificada e explorada para melhorar a diversidade genética deficiente existente. A escassa diversidade genética no trigo remonta ao evento da hibridação habitual que deu origem ao trigo hexaplóide, envolvendo apenas um número limitado de acessos de três gramíneas anuais diplóides. (Dvorak et *al.,* 1998; Talbert *et al.,* 1998).

O CONCEITO DE RESISTÊNCIA DURADOURA

Vários genes que conferem resistência à ferrugem do trigo foram reconhecidos e utilizados no melhoramento do trigo *(T. aestivum* L.). No entanto, alguns destes genes tornaram-se ineficazes devido ao aparecimento de novas raças potentes. O dilema da mudança contínua de raças de agentes patogénicos levou os melhoradores a desenvolver formas alternativas de resistência que fossem mais duradouras, como a resistência lenta à ferrugem ou a resistência parcial (Singh et al., 2000a). Foi demonstrado que a resistência durável à ferrugem é mais provável de ser do tipo de planta adulta do que do tipo de plântula e não está ligada aos genes que produzem reação hipersensível (Bariana et al., 2001; McIntosh1992). Vários trabalhadores sublinharam a necessidade de reconhecer e explorar uma resistência mais duradoura. Johnson e Law, 1975, definiram a resistência duradoura como uma fonte de resistência que se mantém eficaz após uma aplicação generalizada durante um período considerável. Um conceito geral de uma fonte de resistência durável (uma raça não específica) para as ferrugens dos cereais é o seguinte:

1) Pode ser controlada por mais do que um único gene;

2) É mais provável que actue na fase de planta adulta do que na fase juvenil e adulta;

3) Confere uma resposta não hipersensível à infeção. Exemplos de resistência duradoura incluem a resistência à ferrugem do caule transferida do emmer tetraploide para o trigo panificável Hope e H-44 (Hare e McIntosh 1979), a resistência à ferrugem da folha na cultivar de trigo sul-americana Frontana e fontes relacionadas (Rajaram et al., 1988).

BASE GENÉTICA DA RESISTÊNCIA DURADOURA:

A resistência duradoura baseia-se no efeito aditivo de genes menores parcialmente resistentes, geralmente de natureza poligénica e activos na fase adulta da planta. Estudos genéticos efectuados mostraram que a acumulação de 4 - 5 genes menores permite obter um nível de resistência próximo da imunidade. No entanto, 2 - 3 genes numa linha dão um nível moderado de resistência (Singh *et al.,*

2005). A maioria destes genes não está designada, apenas os genes *Lr34/Yr18, Lr46/Yr29* e *Sr2/Yr30* receberam nomes e foram designados para cromossomas específicos. Cada um destes pares de genes está fortemente ligado ou é pleotrópico. Pelo menos 50 genes *Sr* de resistência catalogados numericamente conferem resistência a diferentes raças do agente patogénico da ferrugem do caule (Mcintosh *et al* 2003). A virulência de muitos destes genes está presente globalmente, tornando-os inúteis para a proteção das culturas. Para vários genes, a virulência é limitada ou não é detectada, tornando-os eficazes para utilização em programas de melhoramento. O aparecimento de uma raça virulenta Ug99 no Uganda constitui uma ameaça para a produção de trigo. Foi detectada por Pretorius *et al.* 2000. Uma vez que existe uma extensa área cultivada com trigo T1BL.1RS com *Sr31* e que foi influenciada pela Ug99 após 1999, houve uma recuperação para abordar o melhoramento da ferrugem do caule de forma mais enérgica. Quando testado em plântulas de trigo com muitos dos genes de resistência nomeados, o Ug99 enquadra-se na designação TTKS, com base no sistema de nomeação dos trabalhadores norte-americanos da ferrugem. No relatório de 2005, os genes *Sr* efectivos eram *Sr7a, 13, 22, 24, 25, 26, 27, 28, 29, 32, 33, 35,36, 37, 39, 40* e *44*. Entre estes, os de valor imediato foram *Sr13, 22, 24, 26, 29, 36, Tmp* e *Sr-R*. As alterações genéticas (variantes) influenciaram esta coleção e alguns genes tornaram-se susceptíveis. Além disso, a raça local nacional é suficientemente virulenta para reduzir ainda mais a lista dos genes acima referidos. O gene de resistência *Sr2* conferiu estabilidade às variedades de trigo com o lançamento do Yaqui 50 no México e outros trigos portadores de *Sr2* lançados desde então estabilizaram a situação da ferrugem no México e noutros países onde foram adoptados trigos semi-anões. Quando presente isoladamente, o gene *Sr2* confere uma ferrugem lenta que é inadequada sob forte pressão da doença, mas proporciona uma resistência satisfatória quando está em combinação com outros genes menores. A identificação/desenvolvimento de cultivares resistentes adaptadas num período de tempo relativamente curto e a substituição das cultivares susceptíveis antes de a ferrugem migrar para o nosso terreno é a estratégia para mitigar potenciais perdas. Embora vários genes forneçam resistência à raça UG99, a estratégia a longo prazo deve centrarse na reconstrução do "complexo Sr2" para alcançar uma durabilidade a longo prazo. O complexo a ser construído envolverá um grupo de genes de ferrugem lenta *Sr2* com outros genes aditivos desconhecidos de natureza semelhante (Singh et al. 2006). As variedades que possuem resistência baseada em genes menores mostram aproximadamente o mesmo nível de resistência ao longo do espaço e do tempo. Por exemplo, a Lyallpur 73, que era uma das principais variedades do Paquistão nos anos 70, ainda apresenta um nível de resistência muito bom em viveiros de seleção, ao passo que as variedades que apresentam uma resistência específica da raça baseada em genes principais não têm uma vida longa e amachucam-se frequentemente após 4 a 5 anos. As variedades com um tipo de resistência durável apresentam um nível de reação mais ou menos semelhante contra diversas raças e a sua resistência continua a ser valiosa em condições climáticas diferentes. A reação à ferrugem da folha e à ferrugem amarela de algumas variedades com resistência durável à ferrugem é a mesma no CIMMYT, El Batan, México e Faisalabad, Paquistão. A variedade Frontana, lançada há mais de meio século, continua a ter uma resistência eficaz à ferrugem em quase todo o lado. É muito invulgar que a resistência baseada em genes principais tenha sido eficaz durante um período de tempo mais longo. William *et al., 2006,* identificaram 6 loci independentes que contribuem para a resistência das plantas adultas (APR) ou para a ferrugem lenta, contribuindo para duas ferrugens numa população derivada do cruzamento de Avocet S e Pavon. Os loci putativos identificados nos cromossomas 1BL, 4BL e 6AL manipularam a resistência tanto à ferrugem listrada como à ferrugem amarela. Os loci situados nos cromossomas 3BS e 6BL tiveram um efeito considerável na ferrugem da risca. O locus na região distal do cromossoma 1BL com efeitos altamente significativos foi também identificado noutras populações de mapeamento (Bariana et al., 2001, Suenaga et al., 2003). A alteração associada ao mapa de ligação do cromossoma 4B também foi monitorizada em alguns outros relatórios de investigação (Suenaga et al., 2003). Mesmo o Morocco e o Avocet S têm alguns factores genéticos que contêm alguma resistência à ferrugem lenta, o que resulta num atraso significativo na suscetibilidade total (William et al. 2006). O material com uma resistência baseada em genes menores, próxima da imunidade à ferrugem da folha e à ferrugem amarela, foi desenvolvido e distribuído a todos, inclusive nos anos 90, pelo CIMMYT (Singh et al., 2000a).

CRIAÇÃO PARA UMA RESISTÊNCIA DURADOURA À FERRUGEM

A utilização da resistência genética a esta doença é provavelmente a medida de controlo mais económica e amiga do ambiente (Stubbs *et al.*, 1986; Smale *et al.*, 1998; Singh *et al.*, 2004; Pathan e Park, 2007). No passado, foram lançadas no Paquistão várias variedades de trigo com base apenas num pequeno número de genes de resistência vertical específicos da raça. No entanto, a população de ferrugem varia consideravelmente entre regiões e anos (de Vallavieille-Pope e Line, 1990; Hovmoller, 2001). Esta variação resulta na quebra dessa resistência vertical devido à evolução de novas estirpes virulentas do agente patogénico. Este facto, juntamente com a capacidade de dispersão a longa distância do patogéneo através dos ventos (Moschini e Perez, 1999), exige que se evite o cultivo de uma única ou apenas algumas variedades com genes de resistência específicos da raça em grandes áreas. A implantação de variedades com resistência parcial seria uma melhor estratégia de gestão da ferrugem da risca. A resistência parcial é geralmente não específica da raça. A resistência específica da raça resulta numa resistência em todas as fases com reacções de hipersensibilidade. A resistência parcial, pelo contrário, resulta numa infeção precoce, mas a resistência desenvolve-se depois na fase pós-sementeira. Este tipo de resistência pode ser relativamente mais duradouro (Singh e Rajaram, 1992), uma vez que alguns genes de resistência parcial foram registados como componentes de resistência duradoura, como o Yr18 (Spielmeyer, 2005). O desenvolvimento da virulência tornou ineficazes algumas variedades parcialmente resistentes (Park e McIntosh, 1994), mas a resistência parcial controlada por vários genes menores aditivos é provavelmente mais duradoura. A expressão da resistência varia consoante os locais, de acordo com os patótipos predominantes e as condições climáticas. No entanto, a expressão da resistência parcial deve ser estudada em condições climáticas realistas no terreno, com a presença de vários patótipos. As variedades com resistência parcial devem ser identificadas e caracterizadas quanto à sua expressão no campo em diferentes locais, e os seus níveis globais de resistência parcial devem ser determinados. A acumulação de genes menores para atingir o nível de resistência preferido numa variedade é uma tarefa difícil (Singh *et al.*, 2007), uma vez que implica o reconhecimento de progenitores com genes menores, o seu cruzamento em modelos específicos subsequentes à abordagem back cross ou top cross, a manutenção de um tamanho de população vantajoso e a seleção de genótipos atractivos a partir de populações segregantes. Os modelos de cruzamento e a abordagem de seleção utilizados para a criação de resistência baseada em genes principais não são adequados para a criação de resistência baseada em genes secundários.

O método de linhagem modificado utilizado para a criação de resistência baseada em genes principais não pode proporcionar qualquer melhoria da resistência baseada em genes secundários. Singh *et al.*, 1998 compararam esquemas especiais de cruzamento e seleção para determinar a sua eficiência em termos de realizações genéticas e eficiência de custos. A influência do tipo de cruzamento e do esquema de seleção foi negligenciável no rendimento de grãos principal. Verificaram que a seleção dos progenitores era a caraterística mais importante no melhoramento para obter resultados desejáveis. Também referiram que a severidade média da ferrugem nos descendentes do cruzamento superior era menor em comparação com o cruzamento simples, porque dois progenitores contribuíram com factores de resistência para os descendentes do cruzamento superior. Verificou-se que o método de massa não selecionada é o menos eficaz e que o método de massa selecionada é o mais atrativo em termos de ganhos genéticos e de eficiência de custos. Um exemplo de melhoramento para resistência baseada em genes menores é o desenvolvimento de variedades de trigo resistentes à ferrugem da folha e à ferrugem amarela no CIMMYT. Desde os primórdios da criação de genes menores, visavam-se plantas e linhas com intensidade de infeção de 20% a 30% e tipo de infeção compatível. Isto levou ao desenvolvimento das variedades de trigo Nacozari F 76, Pavon F 76 e várias outras (Singh e Trethewan, 2007), que foram libertadas não só no México mas também na Etiópia, Bangladesh, Paquistão e outros países. A Pavon foi lançada em 16 países com nomes diferentes. Este material forneceu a base para a criação de resistência genética menor.

Um exemplo de seleção para resistência duradoura à ferrugem no Paquistão é o programa de seleção de trigo do Instituto de Investigação Agrícola Ayub, Faisalabad. O germoplasma de trigo (cerca de 1200 acessos) foi examinado sob inoculação artificial com uma mistura de raças e foram selecionados os progenitores com resistência parcial à ferrugem da folha/ferrugem amarela (Hussain *et al.,* 2006). Este germoplasma foi cruzado com genes piramidais para obter um rendimento elevado e resistência à ferrugem. O foco principal foi a acumulação de genes menores para resistência à ferrugem, porque este tipo de mecanismo de resistência é considerado mais durável e é eficaz para muitas raças em vez de uma única raça (Hussain *et al.,* 1999). Os progenitores selecionados foram utilizados para construir cruzamentos de retorno, cruzamentos superiores e cruzamentos duplos. A maior parte do método selecionado foi utilizado como descrito por Singh *et al.,2005* para avançar as gerações filiais para conservar a diversidade genética máxima. Na geração F2, foram criadas 2500 - 3000 plantas. As cabeças foram retiradas de plantas com um tipo de planta desejável e foram agrupadas para criar as gerações F3. Nas gerações F3 - F6, as plantas foram selecionadas com base no bom tipo de planta e na intensidade da ferrugem. As cabeças foram retiradas de plantas com intensidade de ferrugem entre 0% e 30%, de preferência com reação do tipo R/MR/MS. Foram selecionadas várias linhas a partir deste material e testadas quanto ao rendimento e à reação à doença. Duas variedades, Shafaq-06 e Lasani-08, com um tipo de resistência duradouro, foram aprovadas para cultivo geral no Punjab-Paquistão (Hussain et al., 2007; Hussain et al., 2010). Estas variedades são altamente produtivas e possuem uma resistência duradoura à ferrugem da folha e à ferrugem amarela. A Lasani-08 também foi considerada resistente à ferrugem do caule (Ug 99) no ano de 2007 no Quénia.

FONTES DE RESISTÊNCIA DURADOURA

1. *Sr2/Yr27* GENE

O gene *Sr2* foi transmitido ao trigo hexaplóide a partir de Yaroslav (uma cultivar de trigo emmer tetraploide) em 1920. Está presente no cromossoma 3BS e está associado ao *Lr27* (Singh e McIntosh,

1984). Está absolutamente ligado ao pseudo black chaff (Pbc), que é aplicado como marcador morfológico para a deteção de linhas portadoras deste gene. Os genótipos com Pbc apresentam uma intensidade variável de infeção por ferrugem do caule. O nível máximo de severidade de 60% - 70% foi observado em comparação com 100% de severidade do controlo suscetível em viveiros de rastreio da doença no Quénia. Quando presente isoladamente, não confere um nível adequado de resistência, mas em combinação com outros genes pode ser alcançado um nível vantajoso de resistência. Existe pouca informação sobre a interação de *Sr2* e outros genes do complexo *Sr2*. O nível de resistência satisfatório pode ser alcançado através da acumulação de 4 - 5 genes menores. *O Sr2* foi detectado em várias cultivares quenianas altas e velhas altamente resistentes, como a Kenya plume e as cultivares semi-anãs CIMMYT Pavon F76, Parula, Kingbird, Dollarbird, etc. Estas cultivares demonstram uma severidade máxima da doença de 10% - 15% com reacções moderadamente resistentes. O gene *Sr2* está fortemente ligado ao *Yr30* ou tem efeitos pleotrópicos (Singh et al., 2000). Um marcador de microssatélite (SSR) *gwm533* está fortemente ligado e associado à presença deste gene, que pode ser utilizado para facilitar a seleção do gene (Spilmeyer et al., 2003).

2. *Lr34/Yr18*

As cultivares com o gene de resistência à ferrugem *Lr34*, como a Frontana, apresentaram uma resistência efectiva e duradoura à ferrugem da folha *(P. triticina)*. Embora o *Lr34* tenha sido amplamente explorado no trigo de primavera cultivado nos EUA, não foram detectados isolados de *P. triticina* com virulência completa a este gene (Kolmer et al., 2008). Verificou-se que os trigos vermelhos moles de inverno com *Lr34* em combinação com *Lr2a*, *Lr9* e *Lr26* resistentes a plântulas eram altamente resistentes, enquanto que em combinação com *Lr* 10, *Lr11* e *Lr18* eram pouco resistentes nos EUA (Kolmer, 2009). O gene *Lr34*, descrito pela primeira vez por Dyck (1987), demonstrou aumentar a resistência à ferrugem da folha em combinação com outros genes (German e Kolmer 1992). Outra caraterística da resistência *do* Lr34 é o facto de se manter geneticamente indivisível do gene *Yr18*, que confere APR. Este gene co-segrega com os genes da necrose da ponta da folha (*Ltn1*), da resistência ao oídio (*Pm8*) e do vírus do nanismo amarelo da cevada *(Bydv1)* (Spielmeyer et al., 2005, Liang et al., 2006). Estas caraterísticas de resistência a múltiplos agentes patogénicos tornaram o locus *Lr34/Yr18* uma das regiões mais valiosas para a resistência a doenças no trigo (Kolmer et al., 2008). Se o complexo *Lr34/Yr18* estiver presente isoladamente, o nível de doença pode ser elevado, mas em combinação com outros genes pode proporcionar um controlo eficaz (Ma e Singh 1996). A baixas temperaturas, o nível de resistência conferido pelas plantas com *Lr34* é mais elevado em condições de câmara de crescimento e de estufa. O gene parece ser eficaz em condições de campo à temperatura média diária de 0°C - 20°C e ajuda a reduzir o progresso da doença (McIntosh et al., 1995). Referências (Singh e Rajaram, 1991) indicaram que o ambiente tem uma influência significativa na reação terminal da ferrugem da folha à doença. Singh, 1992b mostrou que *o Yr18* pode não apresentar resistência suficiente nalgumas condições ecológicas. Está presente em muitas variedades subcontinentais, incluindo algumas lançadas na era pré-revolução verde. Foi encontrado um marcador associado ao locus *csLV34* no cromossoma 7D associado ao gene *Lr34/Yr18*. Foram identificadas duas variantes predominantes de tamanho alélico *csLV34a* e *csLV34b*. Foi observada uma forte associação entre a presença do gene *Lr34/Yr18* e o alelo csLV34b. No entanto, foram raras as linhas com o gene *Lr34/Yr18* e positivas para o alelo csLv34a. A linhagem deste gene remonta às variedades Mentana e Ardito, desenvolvidas em Itália no início dos anos 90 (Kolmer et al., 2008). Este gene foi clonado e foi demonstrado que Lr34/ *Yr18/Pm38/Ltn1* são o mesmo gene (Krattinger et al., 2009).

3. *Lr46/Yr29*

Foi identificado um gene da ferrugem lenta na cultivar Pavon, localizado no cromossoma 1B, através do cruzamento com uma série monossómica de plantas adultas da cultivar Lal Bahadur, suscetível à ferrugem da folha (Singh *et al.,* 1998). Este é o segundo gene menor envolvido na ferrugem lenta. O gene de resistência à ferrugem da folha *Lr46* e o gene de resistência à ferrugem amarela *Yr29* estão estreitamente ligados ou são pleotrópicos (William et al., 2003). O seu efeito é semelhante ao *do Lr34/Yr18*, uma vez que não confere imunidade total às plantas. As plantas adultas infectadas portadoras de *Lr46* têm um período de latência mais longo em comparação com o controlo sem este gene (Martinez et al., 2001). As plantas com este gene também apresentam uma taxa mais elevada de aborto de colónias de fungos sem quaisquer efeitos cloróticos ou necróticos e também diminuem o tamanho da colónia. A resistência conferida por este gene não é de hipersensibilidade. Suenaga *et al.*, 2003 determinaram que o locus de microssatélite *Xwmc44* está localizado 5,6 cm proximal ao QTL putativo para *Lr46*. Foi relatado que a necrose da ponta da folha (Ltn) está altamente correlacionada com a presença de *Lr46/Yr29* (Rosenwarne *et al.,* 2010). Estão a ser desenvolvidos esforços para clonar este gene (www.ars.usda.gov).

APLICAÇÃO DE MAS PARA ISOLAMENTO DE GENES DE RESISTÊNCIA COMO FERRAMENTA PARA MELHORAR A RESISTÊNCIA À FERRUGEM

A piramidação de vários genes numa cultivar pode ser uma estratégia eficaz para utilizar genes de resistência para aumentar a durabilidade da resistência do trigo à ferrugem da folha e do caule (Leonard e Szabo 2005). A piramidação de genes através de métodos convencionais é difícil e demorada porque requer testes simultâneos dos mesmos materiais de reprodução de trigo com várias raças de ferrugem diferentes antes de se fazer uma seleção. Normalmente, não é viável para um programa regular de melhoramento manter todas as raças de ferrugem necessárias para este tipo de trabalho. Por conseguinte, a MAS é uma alternativa poderosa para facilitar a implantação de novos genes e a pirâmide de genes para uma libertação rápida de cultivares resistentes à ferrugem. Estão disponíveis marcadores moleculares, como STS ou SCAR e CAPS, para os genes de resistência à ferrugem da folha *Lr1, Lr9, Lr10, Lr19, Lr21, Lr24, Lr25, Lr28, Lr29, Lr34, Lr35, Lr37, Lr39, Lr47* e *Lr51*. Foi também desenvolvido um marcador enzimático (endopeptidase Ep-D1c) para *Lr19* (Winzeler *et al.*, 1995). Foram desenvolvidos marcadores microssatélites (SSR) e AFLP para alguns genes *Lr*, como *Lr3bg, Lr 18, Lr40, Lr46* e *Lr50* (Purnhauser *et al.*, 2000; Hawthorn, 1984). Estão também disponíveis marcadores moleculares para genes de resistência do caule, tais como *Sr2, Sr9a, Sr22, Sr24, Sr26, Sr31, Sr36* e *Sr39*. Alguns dos marcadores foram utilizados em MAS, mas os marcadores para alguns dos genes não são diagnósticos para os genes e devem ser melhorados e os marcadores para outros genes não estão disponíveis. Atualmente, a investigação sobre a ferrugem do caule no trigo tem-se centrado na identificação de mais genes de resistência para controlar a Ug99. De acordo com o relatório do Farm and Ranch Guide, atualmente 50% do trigo de inverno e 70% a 80% do trigo de primavera utilizado nos EUA são susceptíveis ao Ug99. Além disso, 75% a 80% dos materiais de reprodução são susceptíveis ao Ug99 e a maioria dos genes de resistência à ferrugem da haste utilizados nos programas de reprodução foram superados por este novo fungo (http://www.farmandranchguide.com/articles/2008/03/13/ag news/ production news/pro10.txt).

Foi também obtido um marcador de microssatélite estreitamente ligado ao gene de resistência Sr40 (Wu, 2003; Shabnam et al., 2011). Até à data, foram isolados, clonados e sequenciados três genes para a resistência à ferrugem da folha no trigo *Lr1*, *Lr10* e *Lr21* (Huang et al., 2003). Todos eles têm sequências que codificam regiões de repetição ricas em leucina (LRR) do sítio de ligação de nucleótidos (NBS), que são caraterísticas dos genes de resistência a doenças nas plantas. A descrição molecular destes genes no trigo constitui um sistema biológico único para estudar os mecanismos moleculares da interação e transdução trigo-patógeno, bem como a função, evolução e diversidade dos genes de resistência. Isto permitirá uma maior manipulação dos genes de resistência do trigo para aumentar a durabilidade da resistência através da transformação genética do trigo.

Referências:

Agrios,G.N. 2005. Plant Pathology.5th Edition. Imprensa Académica

Anónimo. 1995. Organização das Nações Unidas para a Alimentação e a Agricultura. FAO Quarterly Bull. Stat., 8: 1-2.

Anónimo. 1997. The State of the World's Plant Genetic Resources for Food and Agriculture, FAO, Nações Unidas, Roma.

Bariana HS, Miah H, Brown GN, Willey N, Lehmensiek A (2007) Mapeamento molecular da resistência durável à ferrugem no trigo e sua implicação no melhoramento. In: Proc 7th International Wheat Conf, Mar del Plata, Argentina, 29 de novembro-2 de dezembro de 2005 pp723-728

Bariana, H.S., Hayden, M.J., Ahmad, N.U., Bell, J.A., Sharp, P.J. e McIntosh, R.A. (2001) Mapping of durable adult plant and seedling resistance to stripe and stem rust disease in wheat. *Australian Journal of Agricultural Research, 52,* 1247-1255.

Bartos P, Sip V, Chrpova J, Vacke J, Stuchlikova E, Blazkova V, SarovaJ, Hanzalova A (2002). Achievements and prospects of wheatbreeding for disease resistance (Realizações e perspectivas da seleção de trigo para resistência a doenças). Czech J. Genet. Plant. Breed.38(1):16-28.

Bennett, F.G.H. 1984. Resistência ao oídio no trigo: Uma análise da sua utilização na agricultura e nos programas de melhoramento. *Plant Pathol. 33,* 279-300.

Biffen, R.H., 1905. Mendel's laws of Inheritance and wheat breeding. *J. Agric. Sci.,* 1: 4-48

Boyd, LA (2005) Revisão do centenário: Poderá Robigus derrotar um velho inimigo? - A ferrugem amarela do trigo. J Agric Sci 143:1-11.

Braun, H. J., T. S. Payne, A. I. Morgounov, M. van Ginkel e S. Rajaram. 1998. O desafio: mil milhões de toneladas até ao ano 2020. Em: 9° Simpósio Internacional de Genética do Trigo, 2-7 de agosto, Saskatoon, Canadá. Pp.33-40.

Browder, L.E. 1971. Especialização patogénica em fungos da ferrugem dos cereais, especialmente *P. recondita* f sp. *tritici,* conceitos, métodos de estudo e aplicação. *Boletim Técnico No. 1432. Serviço de Investigação Agrícola.* Departamento de Agricultura dos EUA e Estação Experimental Agrícola do Kansas. Washington, D. C., U.S.A.

Brown, J.K.M. 2002. Comparative Genetics of Avirulence and Fungicide Resistance in the Powdery Mildew Fungi (Genética comparativa da avirulência e resistência a fungicidas nos fungos do oídio). Em: Belanger, R.R., Bushnell, W.R., Dik A.J. & Carver T.L.W. (Eds.). *The Powdery Mildews. A Comprehensive Treatise.* APS Press, St. Paul, M.N. , pp. 36-65.

Brown, J.K.M., Hovmoller, M.S. 2002. Epidemiologia - dispersão aérea de agentes patogénicos à escala global e continental c scu impacto nas doenças das plantas. Science 297: pp 537-41

Browning, J.A. & Frey, K.J. 1981. O conceito de multilinha na teoria e na prática. In: Jenkyn, J.F. & Plumb, R.T. (Eds.). *Strategies for the Control of Cereal Disease (Estratégias para o Controlo das Doenças dos Cereais)*. Blackwell, Oxford, pp 37-46.

Browning, J.A. 1988. Current thinking on the use of diversity to buffer small grains against highly epidemic and variable foliar pathogens, Problems and future prospectives. In: Simmonds, N.W. & Rajaram, S. (Eds.) *Breeding Strategies for Resistance to the Rusts of Wheat*. CIMMYT, México, D.F., pp 76-90.

Caldwell, R.H. 1968. Reprodução para resistência geral e/ou específica a doenças das plantas. In: Shepherd, K.W. (Ed.). *Proc. 3rdInt. Wheat Genet. Symp. Camberra, Austrália, 5-9 de agosto de 1968*. Academia Australiana de Ciências, Camberra, pp. 263-272.

Chaudhry MH, Hussain H, Khan SB, Hussain F, Anwar J (1999) Food requirement of Pakistan in First decade of 21st. century-Role of Wheat Research in Punjab. Science Technology and Development 18: 1-5.

Chen, X.M. 2005. Epidemiologia e controlo da ferrugem da risca *Puccinia striiformis* f. sp *tritici* no trigo. Can. J. Plant Pathol.-Rev. Can. Phytopathol. 27: pp 314-37.

CIMMYT.1996. World Wheat Facts and Trends 1995/96: Understanding Global Trends in the Use of Wheat Diversity and International Flows of Wheat Genetic Resources. México, D.F.:

Clay, J. 1991. Sobrevivência cultural e conservação. Lessons from the past twenty years in: Commonwealth of Australia (1993). Biodiversity series paper No.1.Dept of environment, Sports Territories, Canberra.

Coghlan, A. 2006. O trigo sintético oferece esperança ao mundo. New Scientist. Reportagem em linha a 11 de fevereiro de 2006

Curtis, B.C. 2002 O trigo no mundo. In: Curtis B.C., Rajaram, S. & Macpherson, H.G. (Eds.). Bread Wheat. Improvement and production. Plant Production and Protection Series No. 30. FAO, Roma, pp. 1-18.

de Vallavieille-Pope C, Line RF (1990) Virulence of North American and European races of *Puccinia striiformis* on North American, world, and European differential wheat cultivars. Plant Dis 74: 739-743.

Dickinson.M. 2003. Molecular Plant Pathology. Escola de Biociências, Universidade de Nottingham.

Dik A.J. & Carver T.L.W. (Eds.). *The Powdery Mildews. A Comprehensive Treatise*. APS Press, Paul, M.N. , pp. 36-65.

Donini, P., J. R. Law, R. M. D. Koebner, J. C. Reeves e R. J. Cooke. 2000. Temporal trends in the diversity of UK wheats. Theor. Appl. Genet. 100: 912-917.

Dvorak, J., Luo MC e Yang.ZL. 1998. Polimorfismo de comprimento de fragmentos de restrição e divergência nas regiões genómicas de alta e baixa recombinação em espécies de Aegilops autofecundadas e de fecundação cruzada. Genetics, 148: 423-434.

Dyck, PL. (1987) The association of a gene for leaf rust resistance with the chromosome 7D suppressor of stem rust resistance in common wheat. Genoma, **29**, 467-469.

Ellingboe, AH. 1976. Genética das interações hospedeiro-parasita. In: Heitefuss, R. & Williams, P.H. (Eds.). Encyclopedia of Plant Physiology, NS. Vol. 4. Physiological Plant Pathology. Springer-Verlag, Berlim, pp. 761-778.

Ellingboe, AH. 1981. Mudança de conceitos da interação hospedeiro-patógeno. Rev. Anual de Fitopatologia.19:125-143.

Ellingboe, AH. 2001. Interações planta-patógeno: análises genéticas e comparativas. Eur. J. Plant Pathol. *107,* 79-84.

FAOSTAT. http://faostat.fao.org (acedido em 2006-12-16)

Federação dos Fitopatologistas Britânicos. 1973. A Guide to the use of Terms in Plant Pathology. Phytopathological Paper 17, Commonwealth Mycological Institute, Kew, U.K.

Flor HH 1942. Herança da patogenicidade em *Melampsora lini*. Phytopathology 32, 653-659.

Flor, HH. 1946. Genética da patogenicidade *emMelamspora lini*. J. Agric. Sci. Res. *73,* 335-357.

Flor, HH. 1971. Estado atual do conceito de gene para gene. Annu. Rev. Phytopathol. *9,* 275296.

Frankel, OH. 1970. Genetic dangers of the Green Revolution (Perigos genéticos da Revolução Verde). World Agricultural 19, 9-14.

German, SE. e Kolmer, JA. (1992) Efeito do gene *Lr34* no aumento da resistência à ferrugem do trigo. Theoretical and Applied Genetics, **84**, 97-105.

Hare, RA. e Mcintosh, RA. (1979) Genetic and cyto- genetic studies of durable adult plant resistance in Hope and related cultivars to wheat rusts. Zeitschrift fur Pflan- zenzuchtung, **83**, 350-367.

Harlan, JR. 1972. Genetics of disaster. J. environ. Qual. *1,* 212-215.

Hawthorn, WM. (1984) Genetic analysis of leaf rust resistance in wheat (Análise genética da resistência à ferrugem da folha no trigo). Tese de doutoramento, Universidade de Sydney, Sydney.

Heitefuss, R. 1997. Princípios gerais das interações hospedeiro-parasita. In: Hartleb, H., Heitefuss, R. & Hoppe, H.-H. (Eds.). Resistance of Crop Plants against Fungi. G. Fischer, Jena, pp. 19-32.

Hirst, JM. & Hurst, GW. 1967. Transporte de esporos a longa distância. *Em* P.H. Gregory & J.L. Monteith, eds. Airborne microbes, p. 307-344. Cambridge University Press.

Hovmoller, MS. 2001. Gravidade da doença e dinâmica dos patótipos de *Puccinia striiformis* f sp. *tritici* na Dinamarca. Plant Pathol. *50,* 181-189.

Huang, L., Brooks, SA., Li, W., Fellers, JP., Trick, HN. e Gill, BS. (2003) Map-based cloning of leaf rust resistance gene *Lr21* from the large and polyploid genome of bread wheat. Genetics, **164**, 655-664.

Hussain,F. 2009 Postulação de genes de resistência à ferrugem no germoplasma de trigo e melhoria da resistência à ferrugem em Inqilab91 através da seleção assistida por marcadores. Instituto de Melhoramento de Plantas da Universidade de Sydney. Austrália

Hussain, M., Ayub, N., Khan, SM., Khan, MA., Muhammad, F. e Hussain, M. (2006) Pyramiding rust resistance and high yield in bread wheat. Pakistan Journal of Phytopathology, **18**, 11-21.

Hussain, M., Choudhary, MH., Rehman, A. e Anwar. J. (1999) Development of durable rust resistance in wheat (Desenvolvimento de resistência duradoura à ferrugem no trigo). Pakistan Journal of Phytopathology, **11**, 130-139.

Hussain, M., Hussain, M., Rehman, A., Faqir, M., Hussain, M., Ud-Din, R., Zulkiffal, M., Ahmad, N., Ahmad, N. e Khan, M.A. (2010) Lasani-08: Uma nova variedade de trigo com resistência à ferrugem baseada em genes menores. (Submetido ao Pakistan Journal of Botany).

Hussain, M., Rehman, A., Hussain, M., Muhammad, F., Younis, M., Malokra, AQ. e Zulkiffal, M. (2007) Uma nova variedade resistente à ferrugem, durável e de elevado rendimento - Shafaq-06. Jornal Paquistanês de Fitopatologia, **19**, 238-242.

AIEA (2009) Protecting wheat harvests from destruction, experts from 26 countries meet at IAEA on Global Plan Against "Stem Rust", Staff Report 2009. http://www.iaea.org/NewsCentre /News/2009/wheatharvests.html verificado em 6 de abril de 2010. Citado em Khanzada, *et al.* 2012, Pak. J. Phytopathology, Vol. 24(1):82-84

ICARDA. 2011.Estratégias para reduzir a doença emergente da ferrugem da risca do trigo *Síntese de um diálogo entre decisores políticos e cientistas de 31 países no: Simpósio Internacional sobre a Ferrugem Estriada do Trigo, Alepo, Síria, abril de 2011O Simpósio Internacional sobre a Ferrugem Estriada do Trigo*, organizado pelo **ICARDA** em colaboração com o **(BGRI)**, o **(CIMMYT)**, a **(FAO)**, o **(IDRC**, Canadá), a **(AARINENA)**, o **(IFAD)**.

Iqbal, MJ., Ahmad, I., Khanzada, KH., Ahmad, N., Rattu, AR., Fayyaz. M., Ahmad. Y., Hakro, A.A. e Kazi, A.M. (2010). Virulência local da ferrugem do caule no Paquistão e estratégia futura de melhoramento. Pakistan J. Bot. 43: 1999-2009.

Jain, SK., M. Prashar, SC. Bhardwaj, SB. Singh e YP. Sherma, 2009. Emergência de virulência para *Sr25* de *Puccinia graminis f. sp. tritici* do trigo na Índia. *Plant Dis.,* 93: 480

Jin Y, Pretorius ZA, Singh RP, Fetch T Jr. 2008. Deteção de virulência ao gene de resistência *Sr24* na raça TTKS de *Puccinia graminis* f. sp. *tritici. Plant Dis.* 92:923-26

Jin Y., Singh RP., Ward RW., Wanyera R., Kinyua M., Njau P., Fetch T., Pretorius ZA. e Yahyaoui A. 2007. Caracterização dos tipos de infeção de plântulas e respostas de infeção de plantas adultas de linhas genéticas monogénicas *Sr* à raça TTKS de *Puccinia graminis* f. sp. *tritici.* Plant Dis. 91:1096-1099.

Johnson, R. 1981. Durable resistance, definition of genetic control, and attainment in plant breeding. *Phytopathology 71,* 567-568.

Johnson, R. 1992. Oportunidades passadas, presentes e futuras no melhoramento para resistência a doenças, com exemplos do trigo. *Euphytica 63,* 3-22.

Khan MA (2004) Wheat crop management for yield maximization II. Primeira edição. Trigo. Instituto de Investigação do Trigo, Faisalabad, Paquistão.

Khan, MA. 1987. Wheat variety development and longevity of rust resistance (Desenvolvimento de variedades de trigo e longevidade da resistência à ferrugem). Departamento de Agricultura do Governo do Punjab, Lahore, pp. 197.

Khanzada, S. 2008. Re-ocorrência da nova raça de ferrugem do caule (virulência Kiran) no sul do Paquistão e seu perigo potencial para a segurança alimentar nacional. *Resumo nas Actas da Conferência Internacional de Cientistas de Plantas.* 21-24 de abril de 2008. Página 129.

Kilpatrick, RA. 1975. Novas cultivares de trigo e longevidade da resistência à ferrugem, 1971-1975. Departamento de Agricultura dos EUA, Agric. Res. Servo Northeast. Reg. (Rep.) ARS-NE 64. 20 pp.

Knogge, W. 1998. Patogenicidade dos fungos. *Curr. Opin. Plant Biol. 1,* 324-328.

Knott, DR. 1989. The Wheat Rusts: Breeding for Resistance. Springer-Verlag, Berlim, 201 pp.

Kolmer, JA. (2009) Postulação de genes de resistência à ferrugem da folha em trigos vermelhos de inverno selecionados. Crop Science, **43**, 1266- 1274.

Kolmer, JA., Singh, RP., Gravin, DF., Vicaars, L., William, H.M., Huerta-Espino, J., Ogbonnayya, F.C., Raman, H., Orford, S., Bariana, H.S. e Lagudha, E.S. (2008) Analysis of *Lr34/Yr18* rust resistance region in wheat germplasm. *Crop Science,* **48**, 1841-1852.

Krattinger, SG., Lagudah, ES., Spilmeyer, W., Singh, RP., Huerta-Espinno, J., McFadden, H., Bossolini, E., Selter, L.L. e Keller, B. (2009) Um transdutor ABC putativo confere resistência duradoura a múltiplos agentes patogénicos fúngicos no trigo. *Science,* **323**, 1360-1363.

Langridge, P., Lagudah . ES, Holton,TA, Apples,R., Sharp, PJ. e Chalmers,KJ. 2001. Trends in genetic and genome analyses in wheat: a review. *Aust. J. Agric. Res.* 52:1043-1077.

Leonard, KJ., e Szabo, LJ, (2005) Perfil do agente patogénico: Ferrugem do caule de pequenos grãos e gramíneas causada por Puccinia graminis. *Molecular Plant Pathology,* **6,** 99-111.

Liang, SS., Savenaga, K., He, ZH., Wang, ZL., Liu, HY, Wang, DS, Singh, RP, Sourdille, P. e Xia, YC (2006) Quantitative trait loci mapping for adult-plant resistance to powdery mildew in bread wheat. *Phytopathology,* **96,** 784-789.

Loegering WQ 1966. The relationship between host and pathogen in stem rust of wheat. Actas do Segundo Simpósio Internacional de Genética do Trigo. (Ed. J Mackey.) Lund, Suécia, 1963. *Hereditas Supplement 2,* 167-177.

Loegering WQ 1972. Specificity in plant diseases *In* 'Biology of Rust Resistance in Forest Trees'. Miscellaneous Publication No. 1221. pp. 29-37. (Departamento de Agricultura dos Estados Unidos: Washington).

Ma, H. e Singh, RP. (1996) Contribuição do gene *Er18* de resistência de plantas adultas na proteção do trigo contra a ferrugem amarela. *Plant Disease*, 80, 66-69.

Martinez, F., Nicks, RE., Singh, RP. and Rubiales, D. (2001) Characterization of *Lr46,* a gene confering partial resistance to wheat leaf rust. Hereditas, **135,** 111-114.

Mcdonald, BA. e C. Linde 2002. Pathogen population genetics,evolutionary potential, and durable resistance Annu. Rev. Phytopathol. 40:349-79

McDonald, BA. & Linde, C. 2002. A genética populacional dos fitopatógenos e estratégias de melhoramento para uma resistência duradoura. *Euphytica 124,* 163-180.

McIntosh, RA., 1992. Ligação genética estreita de genes que conferem resistência da planta adulta à ferrugem da folha e à ferrugem da risca no trigo. *Patologia Vegetal,* 41: 523-527

McIntosh, RA., Wellings, C.R. e Park, R.F. (1995) Wheat rusts: An atlas of resistant genes. Publicação CSIRO, Collingwood.

McIntosh RA (1998). Breeding wheat for resistance to biotic stress. *Euphytica* 100:19-34.

Mendel, G 1865. 'Experiments in Plant Hybridization'. Traduzido e reimpresso em, Peters, JA (Ed.) 1959. 'Classic Papers in Genetics'. (Prentice-Hall: Englewood Cliffs, N. J., EUA).

Moschini RC. Perez BA. 1999. Previsão da severidade da ferrugem da folha do trigo usando data de plantio, resistência genética e variáveis climáticas. Plant Disease.;83:381-384.

Moseman JG 1970. Genetics of disease and insect resistance. *Em* 'Barley Genetics II, Proceedings of the Second International Barley Genetics Symposium'. (Ed. RA Nilan.) pp. 450-456. (Washington State University Press: Pullman, EUA).

Mujeeb-Kazi, A. e Rajaram. S. 2002. Transferência de genes alóctones de espécies e géneros afins para o melhoramento do trigo. In: Bread Wheat Improvement and Production. FAO, pp. 199-215.

Mujeeb-Kazi A. 2003. Novos stocks genéticos para o melhoramento do trigo duro e do trigo panificável. Décimo Simpósio Internacional de Genética do Trigo, Paestum, Itália. Pp. 772-774.

Mujeeb Kazi A. 2005. Cruzamentos largos para o melhoramento do trigo duro. In: Melhoramento do trigo duro: Abordagens actuais e estratégias futuras. Roya, C.; Nachit, M.NDiFonzo, N.; Araus, J.L.; Pfeiffer, W.H.; Slafer, G.A. (eds.) The Haworth Press.Inc., pp. 703-743.

Mujeeb-Kazi A. 2006. Utilization of Genetic Resources for Bread Wheat Improvement (Utilização de recursos genéticos para o melhoramento do trigo panificável). CRC Series, (eds) R.J. Singh e P.P. Jauhar. pp.61-97

Nazari K,Mafi M, Yahyaoui A, Singh RP, Park RF. 2009. Deteção da ferrugem do caule do trigo *(Puccinia graminis* f. sp. *tritici*) raça TTKSK (Ug99) no Irão. *Plant Dis.* 93:317 Nottingham, UK BIOS Scientific Publishers LONDRES E NOVA IORQUE

Ohm, H.W. & Shaner, G.E. 1976. Três componentes do enferrujamento lento das folhas em diferentes estádios de crescimento do trigo. *Phytopathology 66,* 1356-1360.

Park RF e McIntosh RA 1994. Estudos de resistências de plantas adultas de gene único a *Puccinia recondita* f. sp. *tritici* no trigo. *New Zealand Journal of Crop and Horticultural Science 22,* 151-158.

Parlevliet, JE. 1979. Componentes da resistência que reduzem a taxa de desenvolvimento epidémico. *Ann. Rev. Phytopathol. 17,* 203-222.

Pathan AK, Park RF (2006) Avaliação da resistência de plântulas e plantas adultas à ferrugem da folha em cultivares de trigo europeias. Euphytica 149: 327-342.

Pessoa, C. 1959. Relações gene-por-gene em sistemas hospedeiro-parasita. *Can. J. Botany 37,* 1101-1130.

Pretorius ZA, Singh RP, Wagoire WW, Payne TS (2000) Deteção da virulência do gene *Sr31* de resistência à ferrugem do caule do trigo em *Puccinia graminis* f. sp. *tritici* no Uganda. Plant Dis 84:203

Priestley, R. H. Choice and deployment of resistant cultivars for *cereal disease control* 65-72 In Strategies of breeding for control of cereal diseases.Editors JF Jenkyn and RT Plumb. Blackwell, Oxford

Purnhauser, L., Gyulai, G., Csosz, M., Heszky, L. e Mesterhazy, A. (2000) Ata Phytopathologica et Ento-mologica Hungarica. *Catálogo da União de Revistas de Ciências da Saúde,* **35,** 31-36.

Rajaram, S., Singh, R.P. e Torres, E. (1988) Current approaches in breeding wheat for rust resistance. In: Symmonds, N.W. e Rajaram, S., Eds., *Breeding Strategies for Resistance to Rusts of Wheat,* CIMMYT, México, 101-118.

Reynolds M. P. e Borlaug N. E. 2006. Applying innovations and new technologies from international collaborative wheat improvement (Aplicação de inovações e novas tecnologias do melhoramento do trigo em colaboração internacional). Journal of

Agricultural Science 144:95110.

Reynolds, MP. & Borlaug, NE. 2006. Impactos do melhoramento genético no melhoramento colaborativo internacional do trigo. J. *Agric. Sci. 144*, 3-17.

Rizwan S., Ahmad I., Ashraf M., Mirza J.I., Sahi, G. M., Rattu A. R. e Mujeeb-Kazi A. 2008. Avaliação de trigos hexaplóides sintéticos e seus progenitores durum para resistência à ferrugem. Revista Mexicana de Fitopatologia 25:152-160.

Simonite T. 2006. Truques genéticos antigos moldam o trigo; voltar atrás no relógio evolutivo oferece melhores culturas para regiões secas. Nature. Reportagem em linha em 03 de janeiro de 2006

Roelfs, A., Singh, R.e Saari. E. 1992. Rust Diseases of Wheat: Concepts and methods of disease management. CIMMY, México, DF. 81 pp.

Rosenwarne, G., Singh, RP., William, W. e Huerta-Espino, J. (2010) Identification of phenotypic and molecular markers associated with slow rusting resistance gene *Lr46*. *11th International Cereal Rusts and Powdery Mildews Conference*, Norwich, 22-27 de setembro de 2004, 36.

Shabnam, N., Ahmad, H., Sahib, GA., Ghafoor, S. e Khan, IA. (2011) Desenvolvimento de marcadores moleculares para genes de resistência à ferrugem da folha incorporados de espécies exóticas no trigo mole. Asian Journal of Agricultural Sciences, **3**, 55-57.

Shaner, G., e R. E. Finney. 1977. The effect of nitrogen fertilization on the expression of slow-mildewing resistance in Knox wheat. Phytopathology 67: 1051-1056.

Shaner, G. 1973. Avaliação da resistência ao míldio lento do trigo Knox no campo. Phytopathology 63, 867-872.

Singh, RP. e Rajaram, S. (1991) Resistance to *Puccinia recondita f. sp. tritici* in 50 Mexican bread wheat cultivars. Crop Science, **31**, 1472-1479.

Singh RP., Rajaram S. (2002): Breeding for disease resistance in wheat FAO Plant Production and Protection Series, PP. 567.

Singh, RP., William, HM. J. Huerta-Espino e Rosewarne. G. 2004. Wheat rust in Asia: Meeting the challenges with old and new technologies. Proc. 4th Int. Crop Sci. Cong., Brisbane, Austrália. 26 Set.-1Out.

Singh RP, Hodson DP, Huerta-Espino J, Yue J, Njau P, Wanyera R, Herrera-Foessel SA, Ward RW (2008) Will stem rust destroy the world's wheat crop? Adv Agron 98.271-309

Singh RP, Huerta-Espino J, Roelfs AP. (2002) The wheat rusts. In: Curtis BC, Rajaram S, Go'mez Macpherson H (eds) Bread wheat: Improvement and production, plant production and protection series no. 30. Roma, FAO, pp 227-249.

Singh, RP. (1992) Genetic association of leaf rust resistance gene *Lr34* with adult plant resistance to stripe rust in bread wheat. *Phytopathology, 82*, 835-838.

Singh, RP. and McIntosh, R.A. (1984) Complementary genes for resistance to *Puccinnia recondita tritici* in *Triticun aestivum L.* Genetics and linkage studies. *Canadian Journal of Genetics and Cytology, 26*, 723-735.

Singh, RP. e Trethewan, R. (2007) Breeding spring wheat for irrigated and rainfed production systems of the developing world. Breeding major food staples, Black- well Pub Ltd., Oxford.

Singh, RP., Hodson, DP. Huerta-Espino, J. Jin, Y. Njau, P. Wanyera, R. Herrera-Foessel, S.A. e Ward. R.W. 2008. Will stem rust destroy the world's wheat crop? p. 271-309. *Em* Sparks, D. (ed.), Advances in Agronomy, Vol 98. Elsevier Academic Press Inc, 525 B Street, Suite 1900, San Diego, CA 92101-4495 USA.

Singh, RP., Huerta-Espino, J. e Rajaram, S. (2000) Obtenção de quase-imunidade à ferrugem da folha e à ferrugem da risca no trigo através da combinação de genes de resistência à ferrugem lenta. *Ata Phytopatha- logica et Entomologica Hungarica, 35*, 133-139.

Singh, RPa., Nelson, JC. e Sorrells, ME. (2000) Mapping *Yr28* and other genes for resistance to stripe rust in wheat. *Crop Science, 40*, 1148-1155.

Singh, RP., Huerta-Espino, J. e William, HM. (2005) Genetics and breeding of durable resistance to leaf and stripe rusts in wheat (Genética e melhoramento da resistência duradoura às ferrugens da folha e da risca no trigo). *Turkish Journal of Agriculture and Forestry, 29*, 121-127.

Singh, RP., Mujeeb-Kazi, A. e Huerta-Espino, J. (1998) *Lr46*: Um gene que confere resistência lenta à ferrugem da folha no trigo. *Phytopathology, 88*, 890-894.

Smale, M., Reynolds, MP., Warburton, M., Skovmand, B., Trethowan, R., Singh, R.P., Ortiz-Monasterio, I. & Crossa, J. 2002. Dimensions of diversity in modern spring bread wheat in developing countries from 1965. *Crop Sci. 42*, 1766- 1779.

Spielmeyer, W., McIntosh, RA., Kolmer, J. e Lugdah, ES. (2005) Os genes de resistência ao oídio e *Lr34/Yr18* para resistência duradoura à ferrugem da folha e à ferrugem da risca, co-segregam num locus no braço curto do cromossoma 7D do trigo. *Theoretical and Applied Genetics, 111*, 731- 735.

Spilmeyer, W., Sharp, PJ. e Lagudah, ES. (2003) Identificação e validação de marcadores ligados ao gene *Sr2* de resistência de largo espetro à ferrugem do caule no trigo *(Triticum aestivum L.). Crop Science, 43*, 333-336.

Stubbs RW, Prescott JM, Saari EE, Dubin HJ (1986) Cereal Disease Methodology Manual. CIMMYT.

Suenaga, K., Singh, RP., Huerta-Espino, J. e William, HM. (2003) Marcadores de microssatélites para o gene *Lr34/Yr18* e outros loci de caraterísticas quantitativas para a resistência à ferrugem da folha e à ferrugem da risca no trigo panificável. *Phytopathology,* **93**, 881-889.

Talbert, L. E., L. Y. Smith e N. K. Blake, 1998. Mais de uma origem do trigo hexaplóide é indicada pela comparação de sequências de DNA de baixa cópia. Genome 41: 402-407.

van der Plank, JE. 1963. *Plant Diseases, Epidemics and Control.* Academic Press, Nova Iorque, pp. 223-232, 249-259.

Wanyera R, Kinyua MG, Jin Y, Singh RP. (2006) A propagação da ferrugem do caule causada por Puccinia graminis f. sp. tritici, com virulência em Sr31 no trigo na África Oriental. Plant Dis 90:113.

Watson, IA. & de Sousa, CNA. 1983. Transporte a longa distância de esporos de *Puccinia graminis tritici* no Hemisfério Sul. In Proc. Linn. Soc. N.S.W., 106: 311-321.

Wiese, MV. 1977. Compêndio das doenças do trigo. St. Paul: The America Phytopathological Society. pp 112.

William, HM., Singh, RP., Huerta-Espino, J., Ortiz-Islas, S. e Hoisington, D. (2003) Molecular marker mapping of leaf rust resistance gene *Lr46* and its association with stripe rust gene *Yr29* in wheat. Phytopathology, **93**, 153- 159.

William, HW., Singh, RP. e Palacios, G. (2006) Caracterização de loci genéticos que conferem resistência de plantas adultas à ferrugem da folha e à ferrugem da risca em trigo de primavera. Genoma, **49**, 977-990.

Winzeler, M., Winzeler, H. e Keller, B. (1995) Endopepidase polymorphism and linkage of the *Ep-D1c* null allele with the *Lr* 19 leaf-rust-resistance gene in hexaploid wheat. Plant Breeding, **114**, 24-28.

Wolfe, MS. 1984. Tentativa de compreender e controlar o oídio. Plant Pathol. *33,* 451466.

Wolfe, M.S., Barrett, J.A., & Jenkins, J.E.. 1981. O uso de misturas de cultivares para o controlo de doenças. In: Jenkyn, J.F. & Plumb, R.T. (Eds.). Strategies for the Control of Cereal Disease. Blackwell, Oxford, pp. 73-80.

Wu, S. (2003) Mapeamento molecular de genes de resistência à ferrugem do caule no trigo. Tese de mestrado, B.S. Kansas State Uni- versity, Manhattan.

SOBRE OS AUTORES

Amir Afzal concluiu o seu mestrado (Hons.) na disciplina de fitopatologia em 1993 pela Universidade de Agricultura de Faisalabad. Ingressou no Departamento de Agricultura do Governo do Punjab (Paquistão) em 1996, na qualidade de assistente de investigação, e foi promovido a fitopatologista assistente em 2012. No mesmo ano, foi nomeado para estudos de doutoramento na PMAS Arid Agriculture University e encontra-se atualmente em licença de estudo para concluir os seus estudos de doutoramento. A sua área de interesse é a ferrugem do trigo. Trabalhou no Barani Agri. Res. Institute e no Wheat Research Institute. Está colocado no Instituto de Investigação de Patologia Vegetal, Faisalabad, Paquistão.

M. Inam-ul-Haq é membro sénior do corpo docente do departamento de Patologia Vegetal e Diretor de Estudos Avançados na PMAS Arid Agriculture University. Tem uma vasta experiência de ensino e investigação. Conduziu muitos projectos e é autor de artigos publicados em revistas nacionais e internacionais de renome. A sua área de interesse é a bacteriologia vegetal, o controlo biológico das doenças das plantas e a gestão integrada das doenças

Abid Riaz é Professor Assistente no departamento de Patologia Vegetal na PMAS Arid Agriculture University, Rawalpindi. Possui uma vasta experiência como professor e investigador. Começou a sua carreira como assistente de investigação no Governo do Punjab. Mais tarde, entrou para a Universidade. Interessa-se vivamente pela epidemiologia das doenças das plantas, pelas micotoxinas dos produtos agrícolas e pela gestão das doenças das plantas, tendo publicado muitos trabalhos de investigação em revistas de renome internacional.

Printed by Books on Demand GmbH, Norderstedt / Germany